김상협의
무지개 연구

김상협의 무지개 연구

무지개로 푸는 과학의 원리와 역사

김상협

사이언스북스
SCIENCE BOOKS

프롤로그

MENU
레인보우 라떼?
어떤 맛일까?

무지개? 어디, 어디?
엄마~
무지개야!

무지갯빛 물방울.
이것도 무지개인가?

레인보우 라떼.
기대하진 않았지만….

사람들은 여러 가지 색깔이
함께 보이면 쉽게 무지개라고 한다.
왜 사람들은 무지개에 이렇게 집착할까?

커피 맛은 좋네.

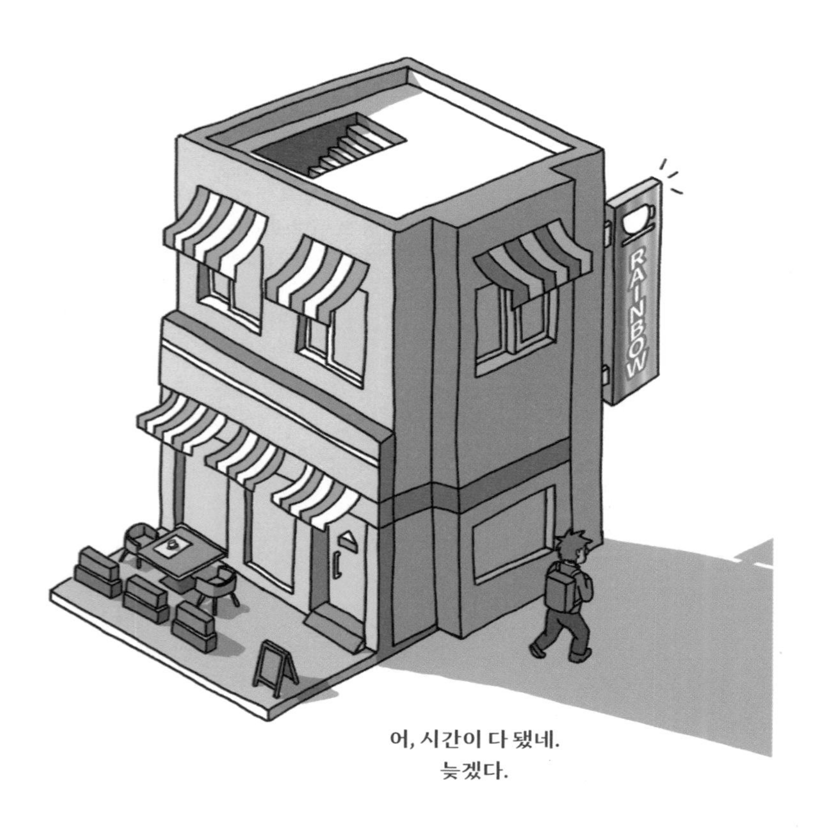

어, 시간이 다 됐네.
늦겠다.

다 왔다.
쑥스럽게 현수막까지….

창밖을 보세요. 날이 참 맑아요.
이런 날은 무지개를 잘 볼 수 없습니다.
그런데 날이 흐려도 무지개는 볼 수 없어요.
무지개는 해가 있으면서도 비가 내려야 하지요.

그런데 맑은 날에도
항상 무지개는 있습니다.
창밖을 보세요.

바로 무지개는 저기 있습니다.

하하, 잘 안 보이죠?
저는 잘 보입니다.
여러분도 이 강의를 다 들으면
그 이유를 알게 될 거예요.

무지개를 좀 더 쉽게 볼 수 있는 곳이 있습니다.
좀 특별해서 멀리 가야 합니다.

아이슬란드

오늘 날이 흐리네요.

무지개는 못 보겠어.

경치 좋다.
폭포는 저쪽인가 보네.
그런데, 왜 무지개 덕후가 됐어?
폭포
글쎄요….

와~ 웅장하다.
저 물보라가 무지개를 만드는구나.
그런데 아쉽게도 햇빛이 없네.

아, 해가 난다!
어서 무지개를 볼 수 있는 곳으로 가자.
태양을 등지고
물안개가 정면으로 보이는 곳으로.
햇빛, 물방울, 관찰자가
42도를 이루는 곳으로….

아~ 해가 다시 사라졌어.

벌써 사람들이
많이 모였네.
좀 더 기다려 보자.

앗! 해가 다시 나고 있어!

찰칵~
찰칵~
찰칵~
찰칵~

OH MY GOD!

아!

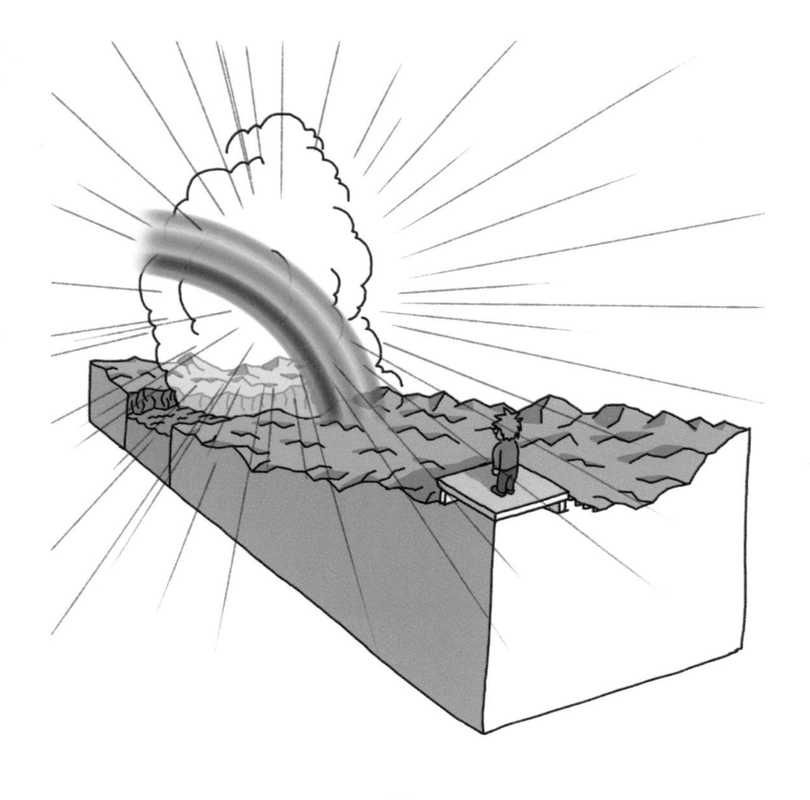

이렇게 밝게 빛나다니…
무지개는 반사였어!

아주 밝았죠.
그때 본 무지개를 잊을 수 없습니다.
사람들은 무지개를 굴절로만 알고 있는데
반사의 역할도 크답니다.
그래서 아주 밝아요.

무지개에는 더 흥미로운 이야기가 많아요.
무지개 이야기를 끌고 와 볼까요?
무지개는 과학자들도 궁금해했어요.
우리가 알고 있는 유명한 과학자들도 많았어요.
뉴턴도 그중 하나였죠.

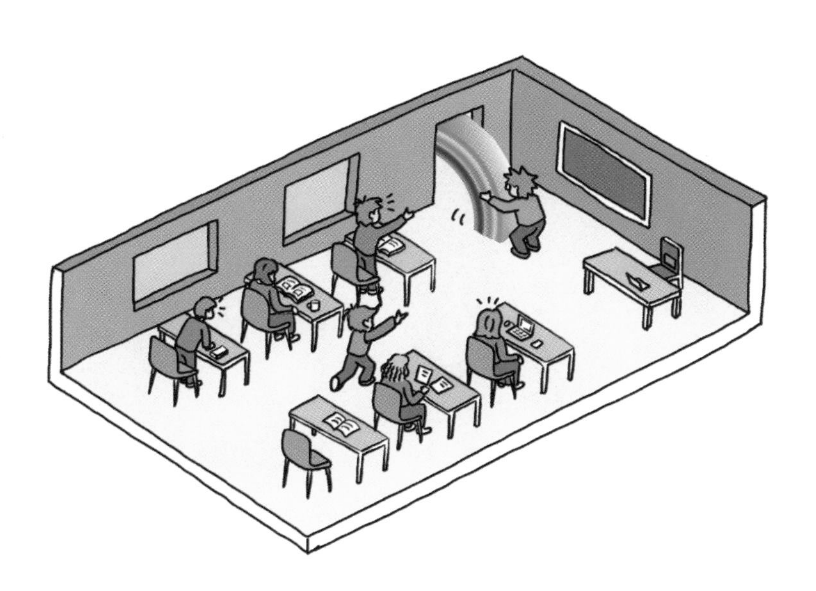

많은 과학자들이 무지개의 정체가
무엇인지 밝히기 위해 노력했어요.
무지개는 무엇일까요?
이 신기한 현상은 왜 일어날까요?

그런데 저보다 한참 전에
이런 생각을 한 사람이 있었어요.
이제 그 이야기를 들려 줄게요.
어쩌면 우리 모두의 이야기이기도 해요.

이 이야기를 하려면
아주 먼 옛날로 가야 해요.
자 따라오세요~

팔로 미!

차례

1부
무지개에 담긴 이야기

아메리카 원주민이 1,500년 전에 남긴 암각화에 무지개 그림이 있다.
무지개를 본 인류는 그 속에서 어떤 이야기들을 만들어 냈을까?
인류가 무지개를 목격한 순간부터 무지개 이야기는 시작된다.

1장
처음으로 그것과 마주하다

기원전 1만 년 전, 중앙아프리카 초원.

첫 사냥은 실패다. 날씨가 우중충하니 동물들까지 숲에 보이지 않는다. 사냥을 나갔던 두 소년의 마음은 무겁다. 가뭄 때문에 먹을거리가 부족하여 부모의 만류에도 나선 첫 사냥인데, 배를 채울 토끼 한 마리도 잡지 못한 탓이다. 돌아오는 길에 장대 같은 반가운 비를 마주한 것은 그나마 다행이었다. 그런데 아쉬운 비는 얼마 내리지 않고 그쳤다. 그러고는 또 여지없이 햇살이 비춘다. 이 순간 소년들은 난생처음으로 이것과 마주했다.

초록색으로 우거진 숲과 들판에 난데없이 나타난 거대한 이것. 시야를 가득 채우는 압도적인 크기에 흠잡을 데 없는 완벽한 반원. 게다가 이전에 본 적이 없는 화려하고 신비로운 색까지. 무지개를 처음 마주한 현생 인류 호모 사피엔스(*Homo sapiens*)는 어떤 감정을 느꼈을까?

겁이 많던 두 소년은 뒷걸음치기 시작했다. 한참을 뛰고 나서 뒤를 돌아보니 무지개가 따라오는 것 같다. 소년들은 있는 힘을 다해 도망친다. 경험이 부족했고 그래서 겁이 많던 인류는 무지개를 보고 공포심을 느꼈다. 그리고 뒤로 물러나도 그 크기가 변하지 않는 무지개를 보고 무지개가 자신들을 따라오는 것으로 느꼈다.[1] 무지개는 그야말로 공포의 대상이었던 것이다.

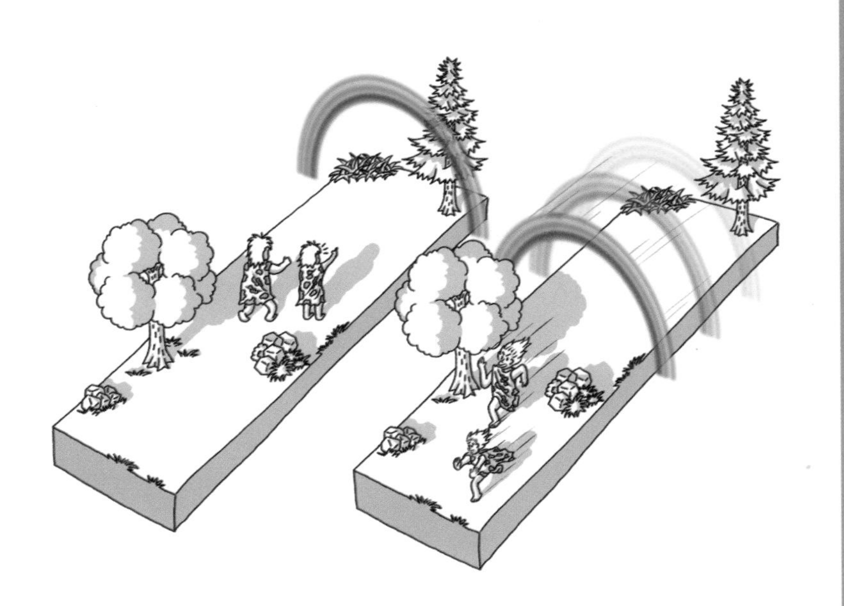

겁이 많던 사피엔스는 뒤따라오는 무지개를 보고 공포심을 느꼈다.

시간이 흘러 경험을 쌓은 두 소년은 다시 사냥을 나선다. 그리고 다시 무지개와 마주한다. 그중 용감한 소년이 무지개에 맞서기 위해 동료와는 반대로 이를 악물고 무지개에 다가가기로 한다. 모든 사람이 무지개를 피하려고만 할 때 그는 무지개로부터 별다른 피해를 보지 않았던 과거를 떠올렸다.

"처음엔 무섭지만 아마도 다시 만나면 맞설 용기가 생길 거야."

소년의 아버지는 무지개에 맞서 보라고 용기를 북돋아 주었다. 소년은 내심 무지개가 어떤 녀석인지 몹시 궁금했다. 그래서 부딪쳐 보기로 한 것이다.

막상 무지개에 다가갔을 때 그는 한 번 더 놀랐다. 무지개가 자신에게서 멀어지는 것이 아닌가? 그는 이제껏 없던 새로운 행동을 보이는 '적'이 무척이나 혼란스러웠다. 과연 무지개는 무엇이란 말인가?

이러한 궁금증은 무지개를 공포의 대상에서 호기심의 대상으로 바라보는 커다란 계기가 되었을 것이다. 바로 이 순간 인류와 함께하는 무지개 역사가 시작된다. 인류가 드디어 무지개를 탐구하게 된 것이다.

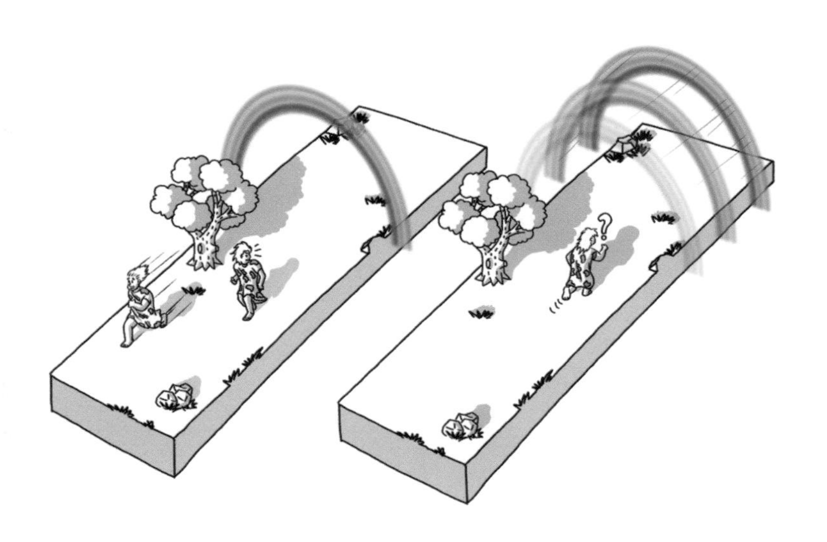

그중 한 호기심 많은 사피엔스가 무지개에 다가가기로 한다.

그것은 비 온 뒤에만 나타나고 금방 사라진다. 도망가면 따라오기도 하고 다가가면 멀어진다. 그리고 우리에게 별다른 피해를 주진 않는다. 소년은 머릿속에 무지개를 자주 떠올린다. 그리고는 적어도 위험한 것이 아니라는 결론을 내린다. 사피엔스의 호기심은 무지개가 살아 있는 '적'이 아니라는 생각을 하게 되고, 특별한 상황에서만 나타나는 규칙적인 특성을 파악하면서 그들에게 근거 있는 자신감을 주었다. 만질 수 있는 물체가 아니라는 확신은 자신에게 해를 끼치지 않을 것이라는 논리적인 사고를 하게 되었고, 이제 인류는 공포심에서 벗어나서 좀 더 여유 있고 꾸준하게 무지개를 탐구하게 된다.

소년의 무지개 탐구는 관찰에서 그치지 않았다. 사냥에 실패하고 돌아오던 날, 소년은 무지개를 벽 한쪽에 그렸다. 그날 사냥하고 싶었던 커다란 사슴들도 그리고, 가물었던 과거를 기억하며 비를 내려 달라고 간절히 무지개를 그려 넣은 것이다. 이제 사피엔스는 무지개를 자신들의 삶에 투영하여 벽화로 남기기 시작했다.

무지개에 다가간 '용감한 소년'의 200대 후손쯤 되는 이 청년은 북아프리카 고원 지대에서 벽화를 그리고 있다. 이 주변은 많은 사람이 자신의 소원을 벽에 그리는 곳이다. 오늘은 부탁받은 제사용 그림을 그리기로 한 날이다. 청년은 뿔이 있는 모자를 쓴 사람이 달려가는 모습을 그렸다. 비를 내려 달라는 소원을 부탁받아 몸에 빗방울을 그려 넣었고, 팔과 허리에는 물이 충분했으면 좋겠다는 생각에서 출렁이는 물결무늬를 넣었다. 그런 후 한참을 생각하더니 다리 아래에 무지개를 정성스럽게 그렸다. 그리고는 속으로 생각했다.

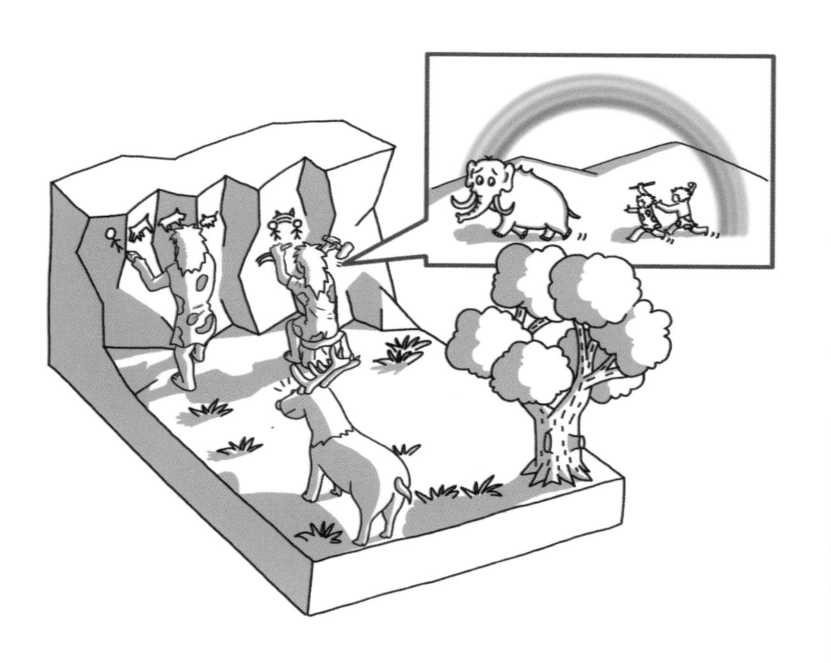

인류는 무지개를 예술로 표현하기 시작했다.

'이 정도 그리면 하늘이 비를 내려 주시지 않을까? 누가 봐도 무지개잖아!'

8,000년 후 1903년, 프랑스의 군대가 아프리카 원정길에 이 지역(오늘날 알제리의 타실리 나제르(Tassili n'Ajjer) 지역이다.)을 지나면서 동굴 벽에 잔뜩 그려진 이 그림들을 발견한다. 고고학자 앙리 로트(Henri Lhote)는 그 이야기를 듣고 이 벽화를 모조리 본을 떠서 연구하기 시작했다. 청년이 그린 '뿔이 있는 사람'은 그중 유독 돋보이는 것이었다. 곧바로 고고학자 수십 명이 달려들어 그림의 의미를 파악하기 위해 열심히 연구했다. 그리고 많은 자료를 통해 어렵게 그림의 의도를 밝혀냈다. 청년의 창의적인 표현은 고대 그리스와 메소포타미아 문명에서도 사용했기에 그 뜻을 어렴풋이 짐작할 수 있었다.[2] 청년이 마지막으로 정성스럽게 그렸던 무지개 아치는 굳이 설명하지 않아도 되었다. 그것은 누가 보아도 영락없는 무지개의 모습이었다. 고고학자들은 눈앞에 힌트를 보고도 너무나도 멀리서 답을 찾아낸 것이었다.

이 그림은 신석기 시대 인류가 하늘의 무지개를 묘사하는 데 예술적 에너지를 쏟았다는 중요한 의미를 보여 주고 있다. 이제 인류가 무지개의 공포에서 완전히 벗어나 이를 표현하기 시작한 것이다.

최초로 여겨지는 무지개 기록 '뿔이 있는 사람'.
다리 아래 무지개가 보인다.

2장
의미를 부여하다

기원전 5000년경 지중해 연안. 이곳저곳을 돌아다니던 용감한 소년의 후손들은 집을 짓고 한곳에 정착하기 시작했다. 사냥도 하고 집 주변에서는 간단한 작물도 기른다. 이 부족의 게으른 한 남자가 사냥을 나갔다가 나무 아래에서 잠이 들었다. 갑자기 푸드덕거리는 소리에 잠에서 깬 그는 둥지에서 막 떠난 새가 날아오르는 것을 본다. 그는 곧바로 둥지에서 알을 훔치려고 나무에 올랐다. 제법 큰 알 몇 개를 챙겼다.

나무 위에 올라 주변 경치를 살피던 그는 숲 저편에 희미하게 떠 있는 무지개를 본다. 이곳에는 무지개가 잘 나타나지 않는다. 그는 오랜만에 뜬 무지개를 유심히 바라본다. 무지개는 숲에서 시작해 하늘로 올라가다가 희미하게 사라진다. 남자는 궁금해한다.

'무지개는 왜 하늘로 솟아오를까?'

완벽한 조건이라면 반원이 되어야 할 무지개가 보통은 그 반원을 다 채우지 못한다. 습지처럼 축축한 평야가 넓게 드리우고 다습한 기후라면 온전한 반원을 다 볼 수 있겠지만 남자가 사는 건조한 지역에서는 그 모습을 전부 보기 힘들다. 그래서 반원이 아닌, 하늘로 올라가다가 사라진 무지개를 자주 목격하게 되는 것이다.

하늘로 솟은 무지개를 자주 관찰하던 인류는 무지개의 이런 모양

무지개는 하늘과 땅을 연결한다.

에서 한 가지 의미를 찾아낸다. 그리고 인류는 이런 결론을 내린다.

'무지개는 하늘과 땅을 연결한다.'

고대 그리스 시대 한 시인은 무지개의 이런 속성을 이야기에 담기로 했다. 마침 하늘의 제우스(Zeus)와 헤라(Hera)의 뜻을 지상에 전달할 메신저가 없었는데 지상과 하늘에 걸쳐 나타나는 무지개가 그 역할에 잘 어울렸다. 이름도 붙인다. 무지개 여신 이리스(Iris, 영어식으로 읽으면 '아이리스')다.

이리스는 빠른 메신저였다. 무지개는 비 온 뒤 하늘에 나타났다가 금방 사라지는 신속성을 가지고 있었고 그 속성은 그대로 신화에 반영되어 재빠르게 소식을 전달하는 역할을 하게 되었다. 시인들은 그 빠르기에 열광하며 이리스의 초기 설정에는 없던 날개까지 달아 주었다. 심지어 2,000년이 지난 현대에도 빠른 운송을 약속하는 그리스 우표에 날개 달린 이리스가 등장한다.

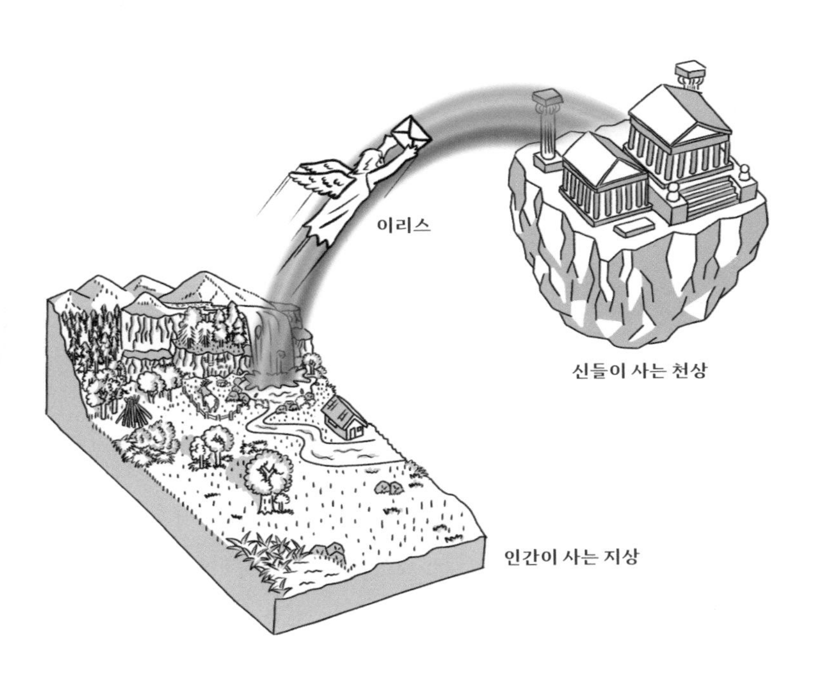

무지개 여신은 천상과 지상을 연결한다.

한편 비슷한 시기, 남아메리카에서는 한 소녀가 동생과 함께 비가 그친 후 물이 불어난 호수에 물고기를 잡으러 나왔다. 물고기를 열심히 쫓던 소녀가 고개를 들어 하늘을 보니 그녀의 눈에 커다랗고 선명한 무지개가 들어왔다. 무지개는 호수의 표면에서 시작해서 하늘로 솟아 올라가다가 사라졌다. 동생의 손을 잡고 집으로 가는 길에 소녀는 생각했다.

'무지개는 왜 호수에서 하늘로 솟아오를까?'

인류는 이렇게 물과 무지개를 본격적으로 연관 짓기 시작했다. 항상 비 온 뒤에만 나타나며, 또 햇빛이 비쳐야만 등장하는 무지개의 수상쩍은 행태에 대한 특별한 단서를 찾지 못하던 중에 꽤 그럴싸한 심증을 잡았다고 생각한 것이다.

이 특별한 수사 과정에는 공범이 등장하는데 바로 태양이다. 태양은 무지개에 관한 고대 인류의 기록에 언제나 함께 등장한다.

고대인들의 이야기 속에서 무지개는 항상 태양과 함께, 때로는 구름과 함께 나타난다. 남아메리카 지역의 신화에서는 무지개가 태양의 친구이며 달의 아내로 등장한다. 태양이 무지개에게 물을 퍼 올리라고 시키는 장면도 나온다. 무지개는 태양의 명령에 따라 호수에서 물을 퍼 올려 구름에 채워 넣는다. 구름에 물이 거의 다 차면 구름은 비를 내린다.

어디서 많이 보던 이야기가 아닌가? 초등학교 과학 교과서에도 등장하는 '물의 순환' 과정이다. 고대 인류는 이미 과학적 물의 순환 과정을 꿰뚫고 있던 셈이다.

그들은 무지개 신에게 경의를 표하고 비를 내려 달라고 기도했다. 어떤 부족은 무지개를 벽화로 그렸고, 일부 지역에서는 비와 함께 나타나는 무지개를 행운을 가져오는 부적과 같이 취급하기도 했다.

무지개는 물의 순환 과정을 상징하는 존재였다.

고대 그리스 시인들도 무지개와 물, 비의 연관 관계를 알고 있었는지 둘을 한 족보에 넣었다. 무지개 여신 이리스를 비를 몰고 오는 서풍(西風)의 신 제피로스(Zephyros)와 결혼시킨 것이다. 제법 어울리는 혼사다.

영어로 무지갯빛을 iridescence이라고 하고 붓꽃을 iris라고 하는데 이것 역시 이리스 여신의 이름을 물려받은 것이다. 무지개의 여신이 지상으로 내려와 붓꽃으로 모습을 바꾼 셈이다. 그래서일까? 붓꽃은 물이 풍부한 연못 주변이나 강가에서 핀다. 꽃잎은 무지개의 보라색을 훔쳐 온 듯 선명한 보라색을 띤다. 꽃말은 역시 '좋은 소식'이나 '행운'의 의미를 담고 있다.

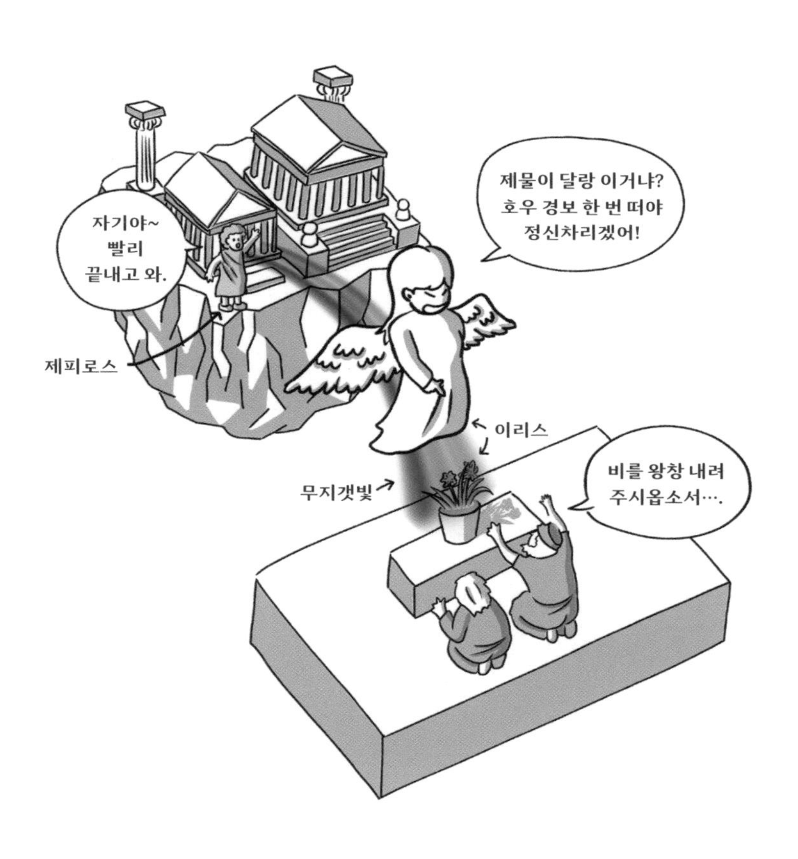

인류는 무지개 여신에게 비를 내려 달라고 기도했다.

3장
동물에 투영하다

기원전 3000년경 중앙아시아 초원. 용감한 소년의 후손들은 드디어 그 어떤 지구 생명체도 해내지 못한 것을 해내고 만다. 문자를 발명한 것이다. 문자를 사용하면서 인류의 사고는 이전과 달리 급속하게 발전하게 된다. 당연히 무지개를 대하는 그들의 생각도 달라진다.

부족의 대표인 한 사내가 폭풍우가 그치고 하늘에 나타난 무지개를 보고 있다. 그는 주변 사물에 모두 정령이 깃들어 있다고 생각한다. 하늘에 보이지 않는 신이 있다고 한 조상들의 막연한 이야기가 미덥지 않았기 때문이다. 하늘과 땅을 연결하는 다리라는 무지개도 그날 따라 조금 달리 보였다. 사내는 무지개의 색과 모양을 유심히 응시한다.

'하늘과 땅을 연결하는 다리라……. 그런 게 실제 있기는 할까?'

사내는 순간 무지개를 보고 어떤 동물을 떠올렸다.

'무지개가 그 동물의 정령일 수도……'

인류는 이제 무지개에 구체적인 생명체를 투영하기 시작했다.

그 생명체는 바로 '뱀'이다.

놀랍게도 많은 문화권에서 공통으로 무지개는 거대한 뱀으로 묘사된다. 고대 이집트에서는 메헨(mehen)이라고 불리는 뱀 모양의 문양과 함께 색칠된 원호 모양이 자주 등장하는데 파란색과 빨간색의 안료 흔적은 무지개의 색을 연상시킨다. 아프리카 신화에서도 무지개는

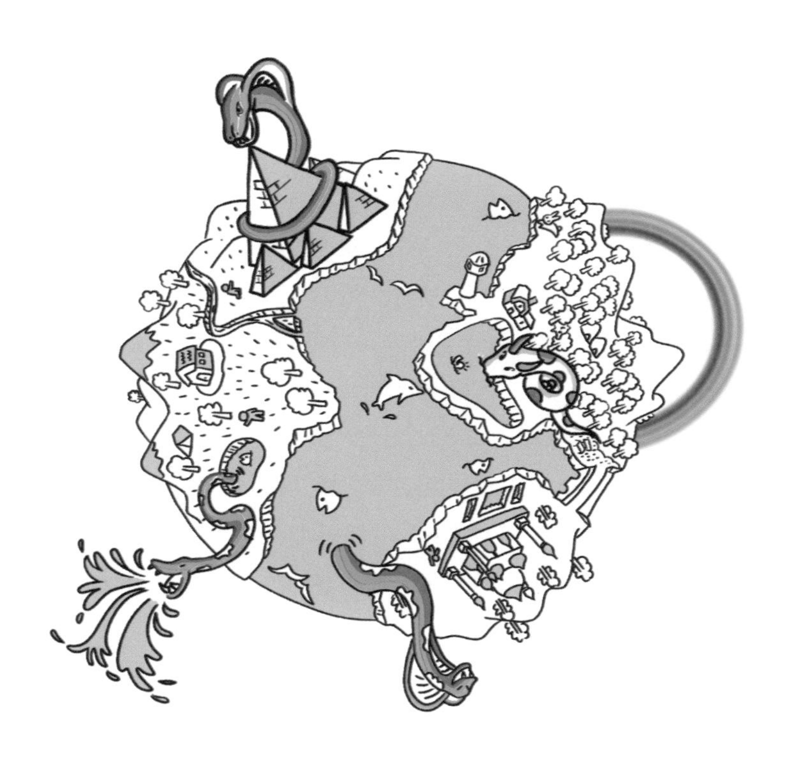

무지개는 여러 나라 신화에서 뱀으로 묘사되었다.

비 온 후 나타나는 거대한 뱀으로 묘사된다. 이 뱀은 인간을 먹어 치우기도 한다.[3] 동유럽 사람들은 거대한 무지개 뱀이 바다, 호수, 강에서 물을 빨아들여서 비를 뿌리는 존재라고 믿었다. 에스토니아 사람들은 황소 머리를 가진 무지갯빛 뱀이 강물을 마신다고 여겼다.[4]

아메리카 원주민도 무지개를 뱀이라고 생각했다. 그들의 전설 중에는 나이아가라 폭포에 사는 거대한 뱀에 관한 것이 있는데, 그 뱀은 떨어지는 물살에서 나와서 하늘로 승천한다고 한다. 이 뱀은 요즘에도 나이아가라 폭포에서 볼 수 있다. 바로 무지개다.

이렇게 폭포에서 나타나는 무지개도 뱀으로 묘사된다. 특히 커다란 폭포가 많은 아메리카 대륙에서는 이 '무지개 뱀'의 스케일도 남다르다. 그중 유명한 것은 마야 문명과 아즈텍 문명의 신화에 자주 등장하는 케찰코아틀(Quetzalcóatl)이라는 독사다. 동양의 용에 견줄 만한 몸집을 자랑한다. 뱀의 모양을 하고 무지갯빛 깃털을 단 케찰코아틀은 아즈텍 신화에서 가장 강력한 신으로 빛, 바람, 지혜 등을 관장한다고 여겨진다. 학자들은 케찰코아틀이 무지개에서 기원했다고 믿는다. 아즈텍보다 오래된 고대 문명에서 비의 신으로 출발했을 테고, 이후 빛과 바람의 신 등으로 확장되었을 것으로 여긴다.[5]

이렇게 신석기 시대 인류는 무지개 같은 자연 현상에 정령이 있다고 생각하는 애니미즘의 영향을 받아 무생물적 기상 현상을 물을 먹는 뱀과 같은 생명 현상에 투영하여 이해하려고 했다.

뱀은 현대 인류에게도 두려움을 주는 존재다. 그래서 과거 인류는 뱀으로 묘사되는 무지개를 질병과 고통을 전파하는 존재로 여기기도

케찰코아틀을 그린 벽화. 멕시코 아카풀코에 있다.

했다. 아즈텍 사람들은 한때 천연두를 케찰코아틀이 퍼트린 것으로 여기기도 했다. 말레이시아의 토착 소수 민족인 세망(Semang) 족 사람들은 무지개를 지구를 감염시키는 거대한 괴물 뱀으로 묘사하고, 무지개 아래를 걸으면 치명적인 발열이 일어난다는 믿음을 가지고 있다. 놀랍게도 오스트레일리아의 원주민 애버리지니(Aborigine)도 아즈텍 사람들과 같이 천연두를 민디(Mindi)라고 불렀는데, 이 민디는 이들이 가장 무서워하는 뱀을 가리키는 이름이기도 하고, 무지개를 가리키는 단어이기도 하다. 남아프리카 줄루 족 사람들과 남아메리카 페루 지방에 살던 고대인들은 무지개가 사람의 몸에 들어가면 질병을

일으킨다고 생각했다.[6]

왜 고대인들이 한결같이 무지개를 보고 뱀을 연상했는지는 여러 의견이 있다. 단순히 모양이 비슷해서 그랬다는 주장도 있고, 무지갯빛 피부를 가진 오스트레일리아의 뱀처럼 비슷한 색깔 때문에 그랬을 것이라는 의견도 있다. 하지만 뱀이 주로 축축한 곳에 서식하고, 고대 인류가 뱀에서 두려움과 불멸을 느꼈다는 것, 무지개의 출현이 뱀의 출현과 같이 길흉의 상징이었다는 것을 이유로 언급하는 인류학자들도 있다. 설득력 있어 보인다.

오스트레일리아 원주민의 민화에 등장하는 무지개 뱀, 원주민 화가의 예술 작품.

4장
이름을 붙이다

문자를 사용하던 용감한 소년의 후손들은 드디어 무지개에 그럴싸한 이름을 붙이기 시작한다. '비 온 뒤 나타나는 동그란 그것'에서 '무지개'라는 고유 명사를 붙여 준 것이다.

영어로 무지개는 'rainbow'다. 비(rain) 내린 후 생기는 구부러진 활(bow) 모양의 기상 현상을 나타내는 단어이다.

다른 유럽 언어에서 무지개를 나타내는 낱말 중에는 이 활 모양에서 유래한 것이 많다. 예컨대, 독일어 레겐보겐(Regenborgen, 비가 만들어 낸 활), 프랑스 어 아르캉시엘(arc-en-ciel, 하늘의 활), 스페인 어 아르코 이리스(arco iris, 이리스의 활)가 그렇다.

우리말 무지개의 어원도 비슷하다. 무지개는 '물(水)'과 '지게(戶)'가 합쳐진 것이다. 가장 오래된 한글 표기는 '므지게'인데, 15세기에 편찬된 『용비어천가』나 『석보상절』에서 볼 수 있다고 한다.[7]

이 '므지게'는 '물'의 15세기 형태인 '믈'에 '지게'가 합쳐진 것인데, 'ㅈ' 앞에서 'ㄹ' 발음이 생략되어 '므지게'가 된 것이다. '지게'는 짐을 질 때 사용되는 지게가 아니라 윗부분이 둥근 타원형으로 생긴 문을 의미한다. 그래서 무지개는 원래 '물의 문', '물로 된 문'을 뜻한다. 오래 전부터 무지개의 본질을 꿰고 있던 자랑스러운 선조들이다.

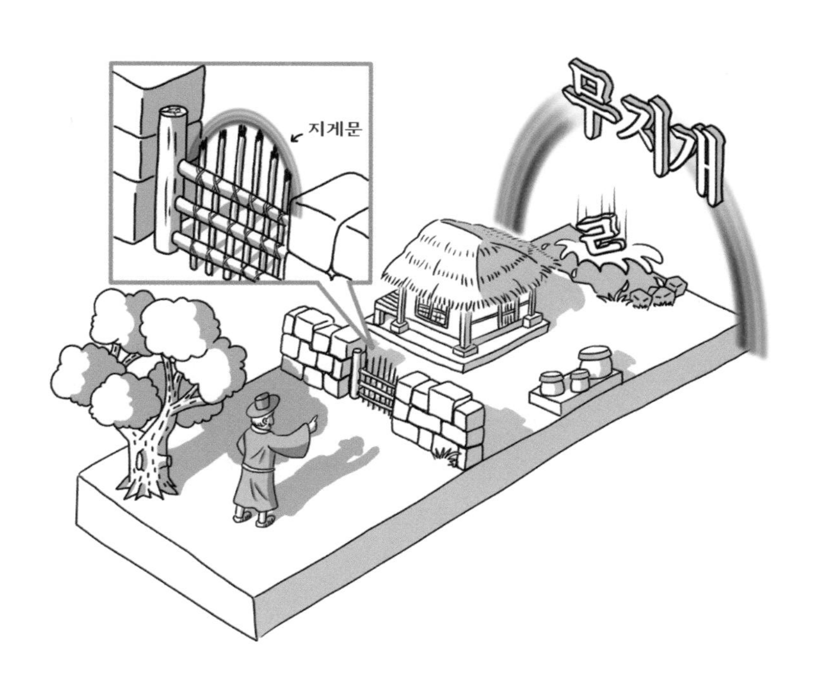

무지개의 우리말 어원을 따져 보면 '물로 된 문'이다.

동아시아 문화에 많은 영향을 준 한자에서 무지개 어원은 좀 더 오묘하다.

무지개를 나타내는 한자는 '홍(虹)'이다. 이 한자는 왼쪽의 '충(虫)'과 오른쪽의 '공(工)'으로 쪼갤 수 있다. 2개 이상의 글자를 합쳐 만든 한자는 대개 한쪽이 의미를, 다른 쪽이 음을 나타내는데, '충'은 뱀이라는 의미를, '공'은 이 글자의 소리를 나타낸다. 무지개를 나타내는 문자에 이미 고대부터 내려온 뱀의 의미가 내포된 것이다.

눈의 구조 중 안구의 각막과 수정체 사이에 있는 얇은 막을 홍채라고 하는데, 한자로 '虹彩'라고 쓴다. 여기서도 무지개 '홍(虹)'이 쓰인다. 영어로도 홍채는 'iris'다.

고대 일본 오키나와에서도 무지개를 '아미누미야(アミヌミヤー, 雨呑み者)' 또는 '틴나갸(天の長虫)'라는 얼룩무늬를 가진 뱀으로 여겼는데, 이 뱀이 하늘의 물을 마셔 버려 비가 내리지 않는다고 생각했다. 그래서 기우제를 지내 뱀을 달래고 비를 기원하기도 했다. 일본어로 무지개는 '니지(虹)'라고 하는데 역시 뱀을 뜻하는 고어 '나지(ナジ)'에서 유래한 것으로 여겨지고 있다.[8]

이렇게 동양이든, 서양이든 무지개를 보고 같은 이미지를 연상하는 것은 왜일까? 어쩌면 인간의 심리에 내재된 보편적인 본성 때문인지도 모른다.

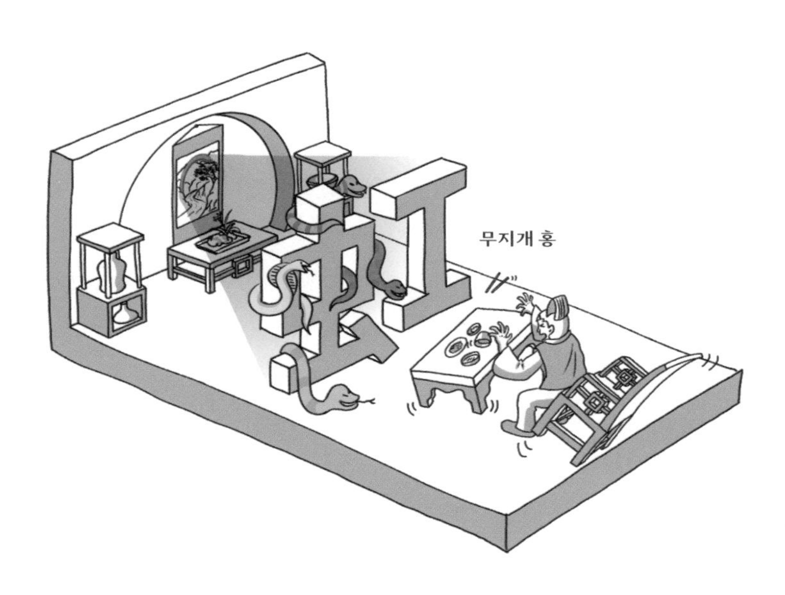

무지개라는 한자에도 뱀이 숨어 있다.

5장
이야기에 무지개를 담다

세계에서 가장 많이 읽힌 책이라는 타이틀을 가진 기독교의 성경에도 무지개가 등장한다. 지상의 생물을 쓸어 버린 대홍수 후 노아에게 신은 더 이상 물로 동물과 땅을 멸하지 않으리라고 얘기하며 그 징표로서 무지개를 보여 준다.

기독교인들은 무지개가 이때 처음 만들어졌다고 믿는다. 이때가 기원전 2500년경이니 지구의 지질학적 역사에 비하면 극히 최근의 일이다. 최초의 인류 등장 후 지구의 대기 조건이 큰 변화를 겪지 않았으므로 이때 노아가 본 무지개는 그보다 수백만 년 앞서 초기 인류가 본 무지개와 같을 것이다.[9] 아마도 노아는 큰비가 내린 뒤 생긴 무지개의 모습이 너무도 강렬하여 큰 의미를 부여했는지도 모르겠다. 이렇게 기독교의 성경에서도 무지개는 하늘과 땅, 신과 인간을 이어 주는 다리의 역할을 한다.

동양에서도 무지개는 하늘과 소통하는 통로로 여겨졌다. 우리나라와 중국의 무당들은 무지개색 색동옷을 입었는데 하늘 또는 신과 소통하는 특별한 사람이라는 뜻이다. 또한 우리나라 무속 신앙에서는 천지신명(天地神明)에게 기도할 때 무지개떡을 제사상에 올렸다. 무지개가 하늘로 통하는 통로, 다리 역할을 상징하기 때문이다.

우리가 잘 아는 전래 동화 「선녀와 나무꾼」에서도 선녀가 목욕하기 위해 지상으로 내려올 때 '무지개 다리'를 타고 내려온다.[10] 나무꾼이 나무를 하다가 포수에게 쫓기는 사슴 한 마리를 숨겨 주었더니 사슴이 오색 무지개가 걸려 있는 산자락을 가리키며 그곳에 가면 선녀가 있으니 몰래 옷을 숨기라고 알려 준다.

서양의 신화에서 가장 유명한 무지개 다리는 노르웨이 신화에 등장하는 비프로스트(Bifrost)다. 신의 고향인 아스가르드(Asgard)와 인간 세상인 미드가르드(Midgard)를 연결하는 다리로 헤임달(Heimdallr)이 24시간 지키고 있으며 인간은 건널 수 없는 VIP 전용

기독교의 성경에도 무지개가 등장한다.

다리이다.

비프로스트를 '빌르로스트(Bilrǫst)'라고도 하는데 빌(Bil)이 '순간'이라는 뜻을 가지고 있어 밝게 빛나다가 금방 사라지는 무지개의 특성을 의미하는 말로 해석하기도 한다. VIP인 신들조차도 서둘러 건너가야 하는 깐깐한 다리인 셈이다.

마블 스튜디오가 만든 영화 「토르(Thor)」에서는 문지기 헤임달이 홀 중앙에 그의 칼인 '호프눙(Hoffnung)'을 꽂으면 둥그렇고 거대한 장비가 가동되어 목표한 세계로 가는 무지개 길이 열린다. 이 길을 통해 전사들이 순간 이동하여 전쟁을 벌인다. 심지어 스위치를 계속 켜 두면 에너지가 흘러넘쳐 그 세계가 파괴되기도 한다. 이렇게 할리우드 제작자들의 엉뚱한 신화 해석 능력은 이 영화를 최고의 영화 시리즈로 만들어 주었다.

비프로스트는 인간 세상과 신들의 세상을 연결하는 무지개 다리이다.

6장
무지개에 담긴 미신을 풀다

이렇게 신적이고 영험한 무지개이기에 무지개를 대하는 사람들의 자세는 경건했다. 세계적으로 가장 끈질기게 이어 오는 무지개에 대한 미신은 무지개를 가리키는 것은 위험하다는 것이다. 무지개를 손가락으로 가리키는 사람은 번개를 맞거나 손가락을 잃을 수 있다는 믿음이다. 이렇게 무지개가 가진 성스러움은 세계 여러 나라에서 공통으로 나타나는 특징이다.

보헤미아 신화에서는 소녀가 무지개 밑을 지나가면 성(性)이 바뀌어 소년이 된다는 흥미로운 이야기가 전해져 온다. 헝가리, 세르비아, 알바니아 등의 전설에서도 아치 아래를 지나가는 사람은 성전환이 일어난다는 이야기를 발견할 수 있다.

무지개가 이렇게 성과 관련되는 것은 놀랍게도 무지개를 음(陰)과 양(陽)의 결합으로 본 중국의 기록과도 일치한다.[11] 고대 중국에서는 쌍무지개가 뜨면 두 무지개를 각각 남성과 여성으로 여겼다. 무지개와 연관된 현상을 음과 양, 금(金), 목(木), 수(水), 화(火), 토(土) 같은 요소가 서로 대립하면서도 서로 보완해 간다는 음양오행론으로 해석했다.

왜 사람들은 무지개를 지나가는 것에 이렇게 큰 의미를 부여하게 되었을까?

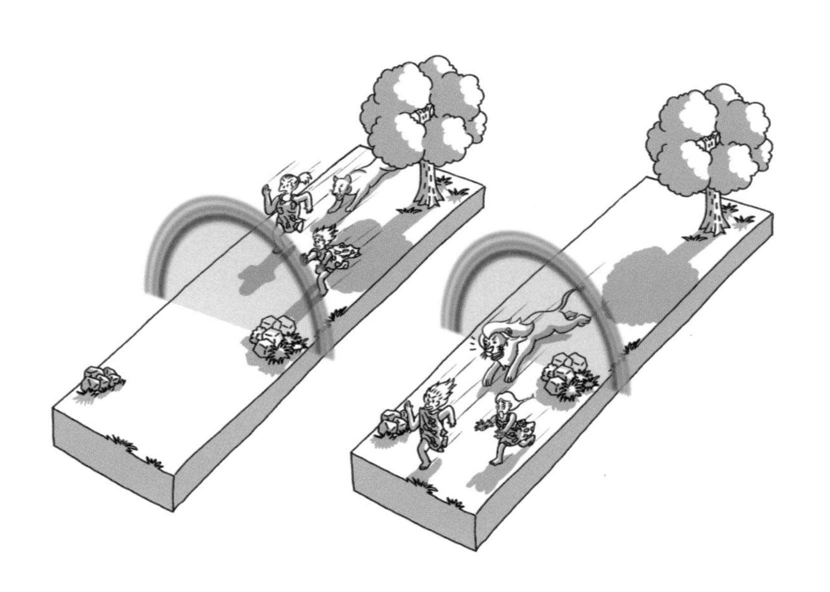

동유럽 신화에는 무지개 아래를 지나가면
남녀 성이 바뀐다는 터부가 전해져 내려온다.

무지개 아래를 지나가는 이야기도 흥미롭지만 무지개의 끝에 관련된 이야기도 유명하다. 우선 서양에서는 무지개 끝에 가면 황금이 가득 담긴 항아리가 있다는 이야기가 있다. 그런데 이 이야기의 출처는 명확하지 않다. 아일랜드 민화에 따르면 레프러콘(Leprechaun)이라는 구두장이 요정이 무지개 끝에서 신발을 수선하면서 모은 황금을 항아리에 담아 숨겨 놓았다고 한다. 아일랜드는 매년 3월 17일을 성 패트릭의 날로 정해 축제를 여는데 항상 초록색 옷을 입고 레프러콘 모자를 쓴 시민들이 거리를 가득 메운다.[12]

아일랜드뿐만 아니라 서양의 거의 모든 나라에서 무지개 끝에 황금이 감추어져 있다는 이야기가 전해져 내려온다. 심지어는 황금으로 만든 보물이 발견되면 기다렸다는 듯이 무지개 이름을 갖다 붙이기까지 한다.

중부 유럽에서는 한때 밭에서 오목한 그릇 모양의 황금 동전이 종종 발견되고는 했는데 이 유물을 '무지개 그릇(Regenbogens-chüsselchen)'으로 불렀다. 왜 하필 유물의 이름 앞에 무지개가 붙은 것일까? 이 황금색 유물은 많은 비가 내린 후 흙이 쓸려 내려간 들판에서 자주 발견되었는데, 사람들은 비 온 뒤 무지개의 끝이 땅에 닿는 곳에서 보물을 찾을 수 있다는 오래된 이야기를 믿으며 이 유물의 이름에 무지개를 넣은 것이다.[13]

이렇게 사람들이 무지개 끝에 집착하는 이유는 무엇일까?

'무지개 그릇'으로 불리는 황금 동전들.

무지개에서 멀어지면 무지개는 따라오고, 다가가면 그만큼 멀어진다. 이러한 무지개의 행동은 무지개를 처음 접한 인류에게 심리적 위축감과 함께 두려움을 주었다. 하지만 무지개에게서 도망가지 않고 '관찰'할 수 있게 되자 인류는 무지개 아래를 통과하거나 무지개 끝에 도달할 때 일어날 일에 대해 제각각의 상상을 하게 되었다.

이제는 거의 모든 문화에서 무지개 끝 황금 냄비를 행운으로 여겨 무지개가 인쇄된 복권을 광고한다. 그리고 무지개 끝에 절대 도달할 수 없다는 것을 알면서도 사람들은 기꺼이 무지개 끝 황금 냄비가 그려진 복권을 산다.

이렇게 무지개를 통과하고픈 사람들의 욕구는 급기야 터널을 무지갯빛으로 칠하는 데까지 이르렀다. 우리나라 터널에서도 심심치 않게 무지개 모양의 LED 조명을 볼 수 있다.

터널을 무지갯빛으로 칠하고 싶은 인간의 욕구는
그 뿌리가 깊을지도 모른다.

용감한 소년의 남다른 호기심으로부터 시작된 무지개 탐구는 세계 여러 나라의 신화 속에 다양하게 반영되었다. 비와 물을 품은 무시무시한 뱀, 하늘과 지상을 연결하는 신성한 소통의 길, 희귀하게 나타났다 금방 사라지는 깐깐함. 이 신화 속 무지개 이야기가 알려 주는 것은 무척이나 흥미롭다. 오히려 이야기 속 무지개는 자연의 무지개보다 인간이 가진 두려움과 희망의 메시지를 더 심층적으로 알려 준다.

여기 무지개에 다가간 용감한 소년의 후손이자 동굴에 무지개 벽화를 그린 청년의 후손인 한 어린이가 있다. 아이는 무지개 그림을 그리고 있다. 이 그림에는 푸른 하늘과 하얀 구름이 있고, 기울어진 무지개가 있으며 그 아치 너머로 빼꼼히 고개를 내민 태양이 수줍게 빛을 비추고 있다. 현대의 아이들은 더 이상 무지개를 그리면서 뱀을 연상하지 않고 비가 내리기를 기원하지 않는다. 대신 현대의 무지개는 희망, 자연, 순수 등의 모습으로 여러 나라의 문화 속에 동일하게 반영되어 있다. 무지개가 들어간 어린이들의 그림이 세계 여러 곳에서 놀랍도록 비슷한 형태를 보이는 것도 같은 이유다.

세계 어린이들의 무지개 그림은 놀랍도록 비슷하다.

2부
무지개에 숨겨진 과학

잘 찍힌 무지개 사진을 보면 모르고 지나치는 것들이 있다.
이 무지개 사진에는 어떤 신비가 숨어 있을까?
아마도 무지개의 과학을 알고 다시 보면
이전에는 보지 못한 새로운 것들이 보일 것이다.

7장
무지개를 본다는 것

무지개에 맞선 용감한 소년은 처음에 무지개를 보고 뒷걸음질 쳤지만, 그의 후손인 현대 인류는 무지개를 가리키며 휴대 전화를 들고 사진을 찍어 댄다. 그때나 지금이나 무지개는 흔치 않은 현상임이 틀림없다. 특히 태풍이나 장마 후 도심 하늘에 무지개가 뜨면 어김없이 다음 날 아침 신문 1면에 큼지막한 무지개 사진이 실린다.

"비 온 뒤 서울 하늘에 커다란 무지개."

서울 사람들은 모두 신문에 실린 이 무지개를 보았을까?

놀랍게도 이 무지개를 본 사람은 오직 한 사람뿐이다. 무슨 뚱딴지 같은 소리인가? 무지개가 한 사람에게만 보인다니. 사실은 모두 같은 무지개를 보는 것은 아니다. 각자가 보는 무지개는 모두 다르다. 서울에 무지개가 뜨면 무지개를 보는 서울 사람들의 수만큼 무지개가 있다. 각자 마음속에 상상의 무지개가 하나씩 있는 것처럼 현실의 무지개도 각자의 시야에 하나씩 존재한다. 그러니 신문에 실린 무지개는 오롯이 사진 기자만이 봤던 무지개이다.

그 이유는 무지개를 본다는 것이 물체를 보는 것과는 완전히 다른 과정이기 때문이다.

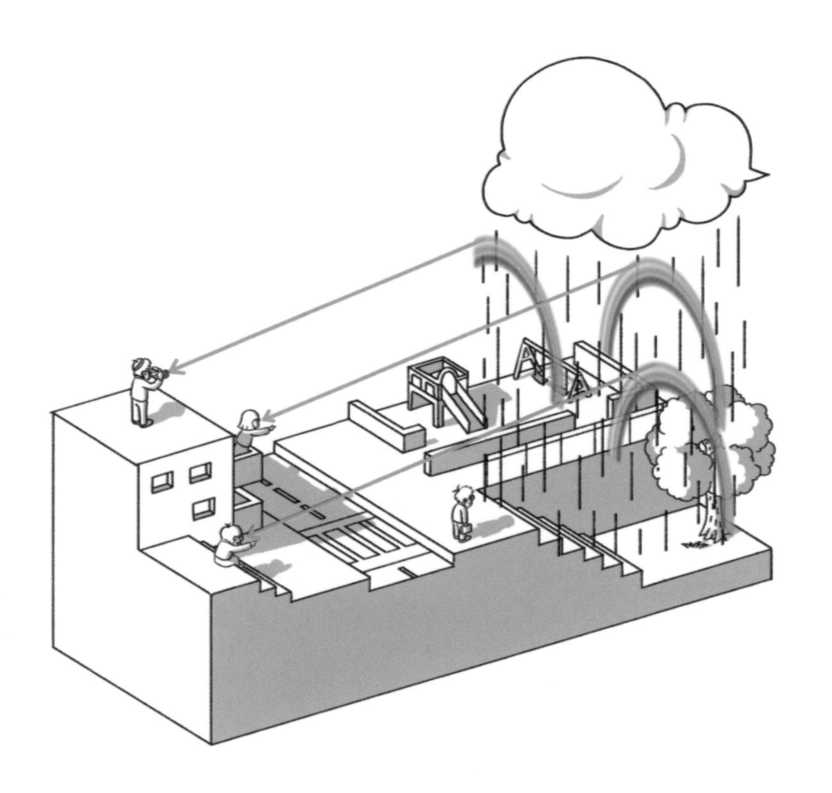

우리는 모두 서로 다른 무지개를 본다.

동굴 속에서 살던 시기에 인류는 어두운 곳에서 앞을 보려면 횃불 같은 불빛이 필요하다는 것을 알았다. 보고 싶은 방향으로 불을 비춰야 사물을 볼 수 있었다. 이런 상황은 지금도 마찬가지다. 어두운 곳에서는 손전등을 비춰야 보인다. 이것이 본다는 것에 대한 엉뚱한 개념을 만들어 냈다. 눈에서 빛이 나와 물체를 비춰야 사물을 볼 수 있다고 생각하게 된 것이다. 이것은 눈이 가리키는 가상의 직선인 시선의 개념을 확장한 것이다. 슈퍼맨 눈에서 광선이 나가는 것처럼 사람 눈에서 나온 빛이 사물에 반사되어 다시 눈에 돌아와야 사물이 보인다는 것이다.

고대인들은 눈에서 빛이 나와 물체를 본다고 생각했다.

우리가 무언가를 본다는 것은 눈에서 빛이 나가는 것이 아니라 눈으로 빛이 들어오는 것이다. 햇빛이나 전등에서 나온 빛이 물체를 비추고 반사되어 눈으로 들어오면 우리는 그 물체를 시각적으로 인지할 수 있다. 물체의 표면을 확대해 보면 아주 거칠다. 따라서 빛이 물체 표면에서 반사될 때는 거의 모든 방향으로 반사된다. 그래서 횃불이나 손전등을 들지 않은 주변 사람들 눈에도 이렇게 반사된 빛이 들어가 물체를 볼 수 있게 된다.

과학은 빛이 물체에 반사되어 눈에 들어오기 때문에 볼 수 있다고 설명한다.

그렇다면 무지개를 본다는 것은 무엇일까? 무지개를 본다는 것은 물방울에서 반사된 빛을 보는 것이다. 물방울 표면은 다른 물체와 달리 아주 매끄럽기 때문에 거울처럼 특별한 각도로만 반사된다. 어두운 곳에서 거울을 놓고 손전등을 비추면 맞은편 반사 각도에 있는 사람만 이 빛을 볼 수 있는 것과 같은 원리다.

비 내린 다음에도 하늘에는 물방울이 무수히 남아 있다. 무수히 많은 거울이 떠 있는 셈이다. 이때 햇빛이 비치면 각각의 물방울에서 빛이 반사된다. 그래서 무지개를 보는 사람들은 하나의 물방울에서 오는 빛을 보는 것이 아닌 각자의 물방울에서 나온 각자의 무지개를 보는 것이다.

거울에서 반사된 빛은 모두에게 도달하지 않는다.

이러한 사실이 의미하는 바는 사뭇 진지하다. 무지개의 존재에 대한 또 다른 질문을 던지기 때문이다. 이 질문은 고대의 인류가 품었던 질문의 연속선에 있다.

'무지개는 그곳에 존재하는가? 무지개는 만질 수 있는가?'

각자 위치에 맞는 물방울에서 반사된 빛을 본다.

아침에 출근하기 위해 거울을 보면 나의 모습이 벽 안쪽 저편에 있는 것처럼 보인다. 이렇게 보이는 이유는 우리 뇌가 빛이 거울에서 반사된 것을 알아차리지 못하고 거울 뒤편에서 곧바로 온 것으로 착각하기 때문이다. 이렇게 거울이나 렌즈를 통해 보이는 물체의 모습은 실제 물체가 아니라 그 물체의 상(像, image)이다.

무지개는 햇빛이 물방울에서 반사되어 만들어진 것이므로, 어떤 의미에서는 태양의 '상'으로 볼 수도 있다. 거울을 통해 물체의 상이 생기듯이, 물방울을 통해 태양의 상이 생긴다. 그래서 무지개는 물방울이라는 거울에 비친 태양의 모습이다.

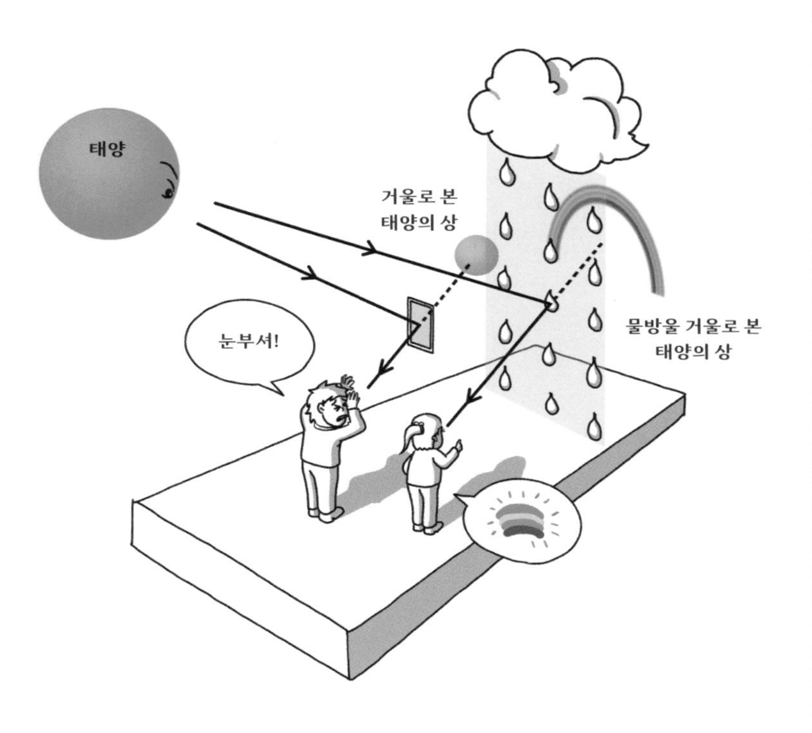

무지개는 물방울 거울에 비친 태양의 모습이다.

무지개를 만드는 물방울은 공처럼 표면이 동그랗다. 빛이 이런 물방울 속으로 들어가면 진행 방향이 꺾인다. 빛이 서로 다른 물질의 경계면에서 진행 방향이 꺾이는 것을 '굴절'이라고 한다. 돋보기나 카메라에 달린 렌즈는 모두 굴절의 원리를 이용한 것으로 물체의 확대된 상을 보여 준다.

비 온 다음 하늘에 떠 있는 물방울도 마치 렌즈와 같은 역할을 한다. 이 물방울 렌즈가 포착한 태양의 신비로운 모습이 바로 무지개인 셈이다. 우리가 렌즈가 들어 있는 망원경으로 멀리 떨어져 있는 행성의 상을 확대해서 선명하게 보듯이, 물방울 렌즈로 태양의 상을 보는 것이다.

그래서 무지개는 물방울 렌즈로 본 태양의 모습이다.

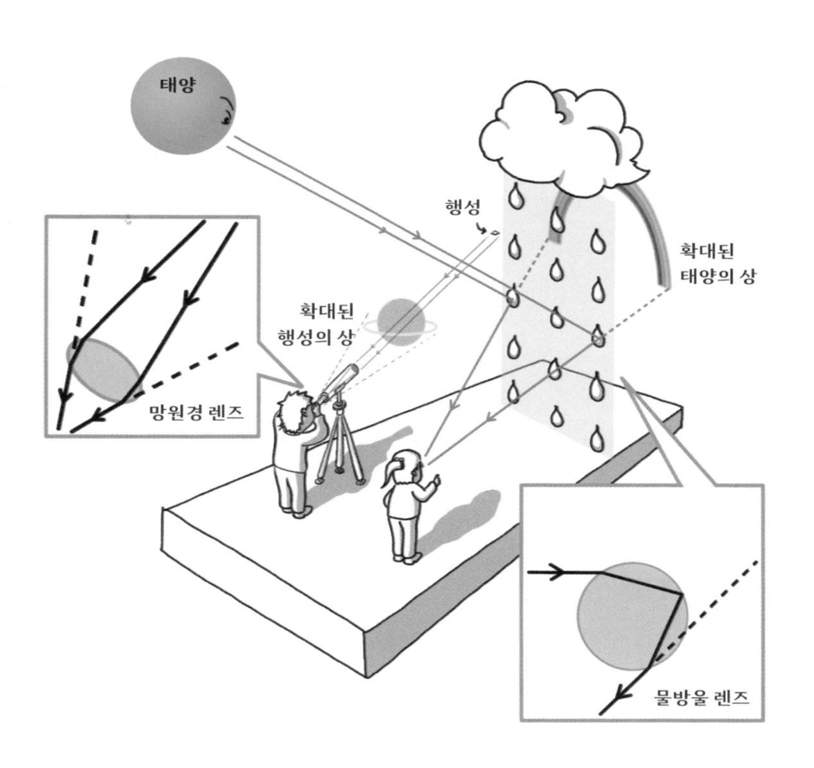

무지개는 물방울 렌즈로 본 태양의 모습이다.

이제 무지개에 맞선 용감한 소년이 무지개에 다가갔을 때 무지개가 왜 뒤로 물러났는지 그 이유를 밝힐 때가 되었다.

무지개를 보면서 움직이면 어떻게 될까?

빗방울은 작은 거울과 같아서 빛을 반사한다. 붉은색의 경우 햇빛과 42도의 각도로 반사된다. 그래서 햇빛-물방울-관찰자가 42도를 이루는 곳에서만 이 붉은빛을 선명하게 볼 수 있다. 무지개에 가까이 다가가면 이 각도를 벗어나므로 더 이상 그 물방울에서 나온 빛을 볼 수 없다. 대신 그 뒤에 있는 물방울에서 반사된 빛을 보게 된다. 그래서 무지개는 한걸음 뒤로 같이 밀려난다. 무지개는 용감한 소년을 혼내 주려고 따라간 것이 아니며, 용감한 소년이 무서워 물러난 것도 아닌 것이다.

계속 가까이 다가가다 보면 결국 물방울이 없는 곳이 나와 무지개는 시야에서 사라지게 된다. 이것이 영원히 무지개 끝에는 도달할 수 없는 과학적인 이유다.

이렇게 무지개를 보면서 전후좌우로 움직이면 무지개가 따라온다. 그때마다 전후좌우의 다른 물방울에서 반사되어 오는 빛을 보게 되는 것이다. 이것은 달이나 태양을 보면서 움직일 때 달이나 태양이 따라오는 것처럼 느껴지는 것과는 완전히 다른 현상이다. 그들은 너무나도 멀리 있어서 고작 지구에서 몇 킬로미터 움직이는 정도로는 시야각이 변하지 않는다. 따라서 따라오는 것처럼 느껴지는 것이지 실제로는 그 자리에 있다. 하지만 무지개는 따라온다.

무지개에 다가가도 무지개를 절대 통과할 수 없다.

8장

무지개, 몇 개까지 봤니?

무지개의 다양한 색은 어떻게 생기는 것일까?

빛이 프리즘을 통과하면 무지갯빛 스펙트럼이 생긴다. 빛이 공기에서 유리로 들어가면서 속도가 느려지면 꺾이게 되는데('굴절' 현상이다.) 색깔마다 느려지는 정도가 달라 빛이 퍼진다. 이것을 '분산'이라고 한다. 빛이 물방울로 들어갈 때도 굴절로 인해 분산이 일어난다. 그리고 일부는 안쪽에서 다시 반사되기도 하고 또 일부는 그대로 투과되어 나가기도 한다. 이때 곧바로 밖으로 나가지 않고 한 번 반사되는 빛이 우리가 보는 무지개를 만든다.

그런데 이렇게 반사되어 나올 때 아래쪽으로는 붉은빛이 나오고, 위쪽으로는 푸른빛이 나온다. 붉은빛이 덜 꺾이기 때문이다. 무지개 순서와 반대다. 어떻게 된 일일까?

그것은 우리가 무지개를 볼 때 하나의 물방울에서 나온 스펙트럼만 보는 게 아니기 때문이다. 각도상 그림처럼 가장 위에 있는 물방울에서 나온 빛 중 붉은빛만 우리 눈에 도달하고, 중간 물방울에서 나온 빛 중에는 초록빛만 우리 눈에 도달한다. 그리고 아래쪽 물방울에서 나온 빛 중에는 푸른빛만 우리 눈에 들어온다.

이렇게 되면 위에 있는 물방울은 붉게, 가운데 물방울은 초록으로, 아래 물방울은 푸르게 보인다. 이것이 우리가 보는 무지개의 실체다.

이처럼 무지개를 본다는 것은 햇빛과 물방울들이 이미 정밀하게 세팅해 놓은 조명 장치 속에 운 좋게 들어가는 셈이다.

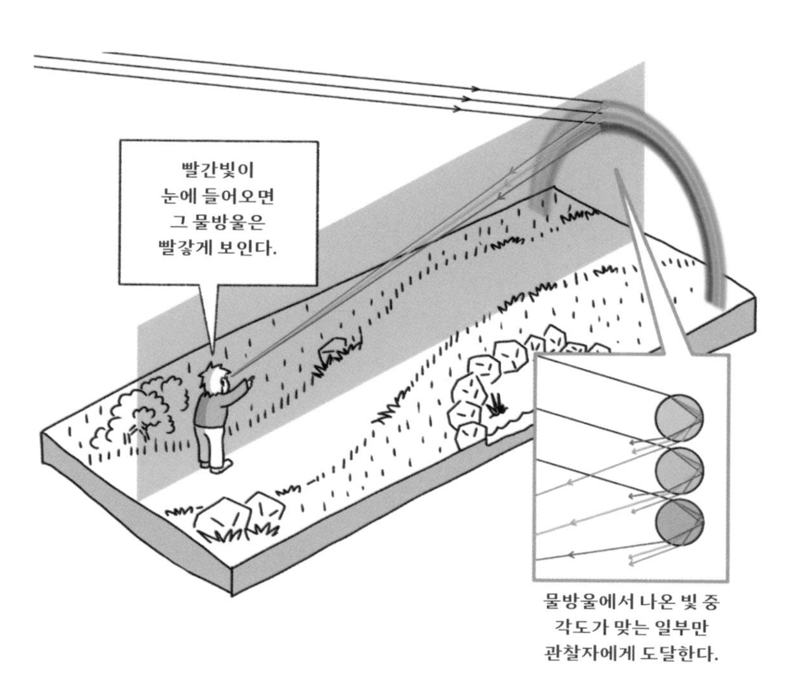

무지개를 본다는 것은 햇빛과 물방울이 정밀하게 세팅해 놓은
조명 장치 속으로 들어가는 셈이다.

물방울에 들어간 빛은 한 번에 나오지 않고 옆 그림처럼 안쪽에서 여러 번 반사되기도 한다. 한 번 반사되어 나온 빛을 통해 만들어진 무지개를 '1차 무지개'라고 한다. 물방울의 아래쪽으로 들어가 두 번 반사되어 나온 빛으로도 무지개가 만들어지는데 이것을 '2차 무지개'라고 한다.

빨간빛을 기준으로 볼 때 1차 무지개는 햇빛과 42도, 2차 무지개는 약 50도 각도에서 만들어진다. 2차 무지개는 1차 무지개와 다르게 안쪽이 빨간빛이고 바깥쪽이 파란빛이다. 가장 덜 꺾이는 빨간빛이 위에 있기 때문에 우리 눈에 들어오는 빨간빛은 그림처럼 상대적으로 아래에 있는 물방울에서 온다.

2차 무지개는 1차 무지개보다 훨씬 어둡게 보여 관찰하기 쉽지 않다. 물방울 안에서 빛이 반사될 때마다 많은 양이 밖으로 새어 나가기 때문이다. 그래서 쌍무지개가 뜨면 운이 좋다는 말이 나오는 것이다. 여기서 쌍무지개는 1, 2차 무지개가 한꺼번에 보이는 것을 두고 하는 말이다.

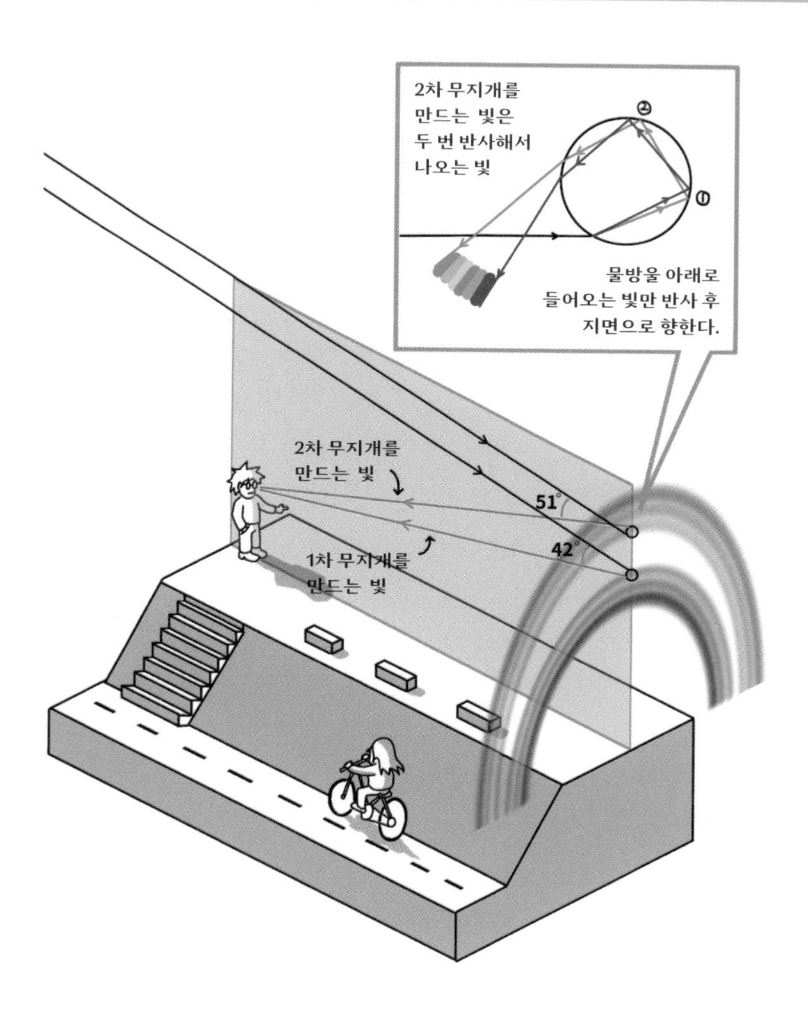

1차 무지개와 2차 무지개는 보이는 각도도 다르고, 빛의 순서도 다르다.

그렇다면 3, 4, 5차 무지개도 있을까?

무지개는 태양을 등지고 볼 때만 관찰할 수 있다. 태양 쪽에 무지개가 뜬다면 강렬한 햇빛 때문에 눈이 부셔 무지개는 잘 보이지 않는다. 3차, 4차 무지개는 물방울에서 반사된 빛이 오던 방향으로 나아가기 때문에 무지개를 보려면 태양 쪽을 바라봐야 한다. 그래서 관찰하기 쉽지 않다.

반면 1차, 2차, 5차 무지개는 태양 반대편에서 만들어지므로 태양을 등지고 무지개를 관찰할 수 있다. 물론 2차 이상은 빛의 세기가 아주 약해서 관찰하기가 어렵다.

최근에는 실험실에서 완벽한 조건을 갖춰놓고 6차 이상의 '고차' 무지개를 관찰하기도 한다. 어떤 연구자들은 12차 무지개를 관찰했다고 보고하기도 했고, 단색광인 아르곤 레이저 빔을 이용한 연구자는 무려 200차까지 무지개 패턴을 관찰한 논문을 제출하기도 했다.[14]

고차 무지개뿐만 아니라 0차 무지개에 관한 연구도 진행되고 있다. 0차 무지개는 물방울에서 반사되지 않고 굴절되어 통과하는 빛에 의해 만들어지는 무지개를 말한다. 일찍이 아이작 뉴턴(Isaac Newton)은 0차 무지개가 태양 방향으로 만들어져 볼 수 없다고 말했다. 그런데 최근 연구 결과에 따르면 0차 무지개가 없다는 주장에 힘이 실리고 있다. 무지개가 만들어지기 위해서는 물방울에서 반사, 굴절하면서 특별한 각도로 모이는 빛[15]이 있어야 하는데 0차 무지개의 경우 이런 빛이 만들어지지 않기 때문이라는 것이다.[16]

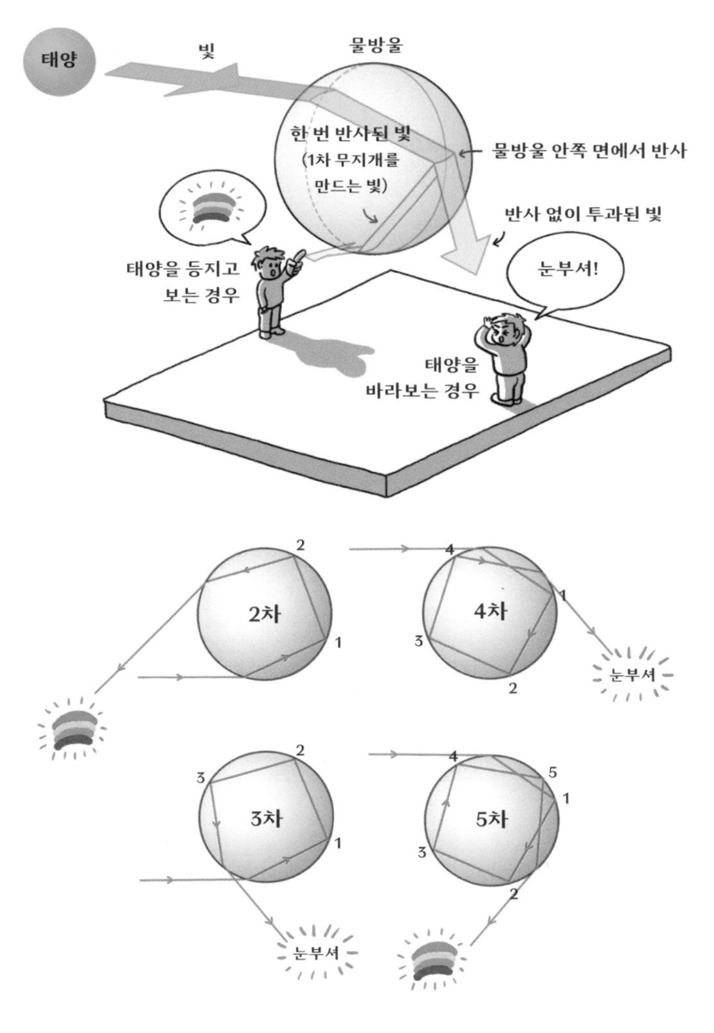

아주 흐리지만 3, 4, 5차 무지개도 만들어진다.

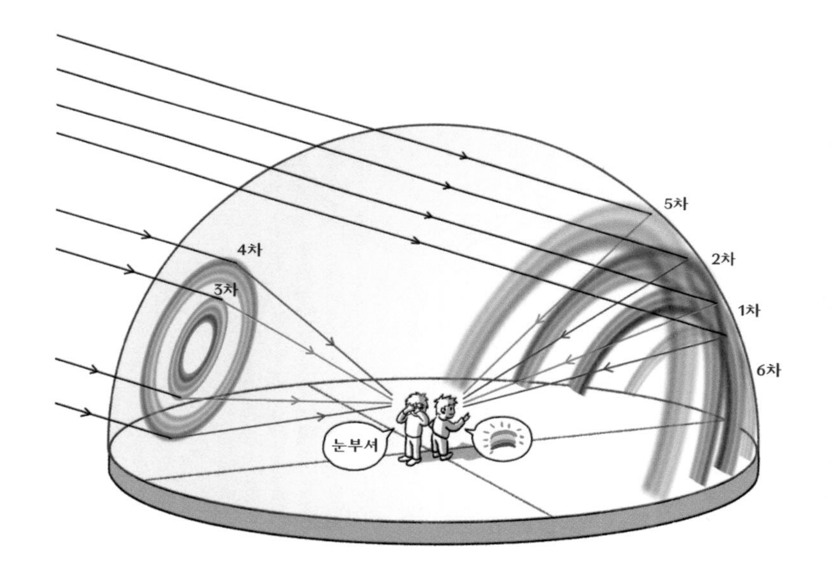

무지개는 태양을 등지고 보아야 관찰할 수 있다.

태양 빛이 왼쪽에서 비출 때 1차 무지개부터 16차 무지개까지 나타난다면 다음 장의 그림처럼 보인다. (15차 무지개는 태양 가까이 있어서 보이지 않는다. 그래서 그리지 않았다.)

차수가 올라갈수록 경로가 길어져 무지개의 폭은 넓어진다. 빛이 진행하면서 퍼지기 때문이다. 또 반사될 때 빛이 새어 나가므로 차수가 올라갈수록 실제 무지개는 급격히 어두워진다. 그래도 아주 이상적인 조건이 된다면 온 하늘이 무지개로 물든다. 그림에서는 무지개가 나타나는 각도와 색상 순서를 고려한 것으로 무지개의 폭과 밝기는 보기 편하도록 과장해서 그렸다.

동심원의 색동 고리가 하늘을 가득 메운 광경은 상상만 해도 환상적이다. 마치 밤하늘 무지개 별의 일주 운동을 보는 것과 같다. 낮 동안 소나기가 한참 세차게 내리고 더위가 가시면서 시원한 바람이 불 때쯤 온 하늘에 색동 고리들이 나타난다고 상상해 보라. 외계인의 침공을 물리치고 이제 희망찬 내일을 기다리는 SF 영화의 엔딩처럼 장엄하고 근사하다.

가끔가다 꿈꿔 본다. 무지개가 온 하늘을 덮고 찬란하게 빛나는 장면을. 아마도 축축하게 젖은 사람들의 우울한 마음은 어느새 화려하고 다채로운 희망으로 가득 찰 것이다.

13
7
4
3
16
8
12

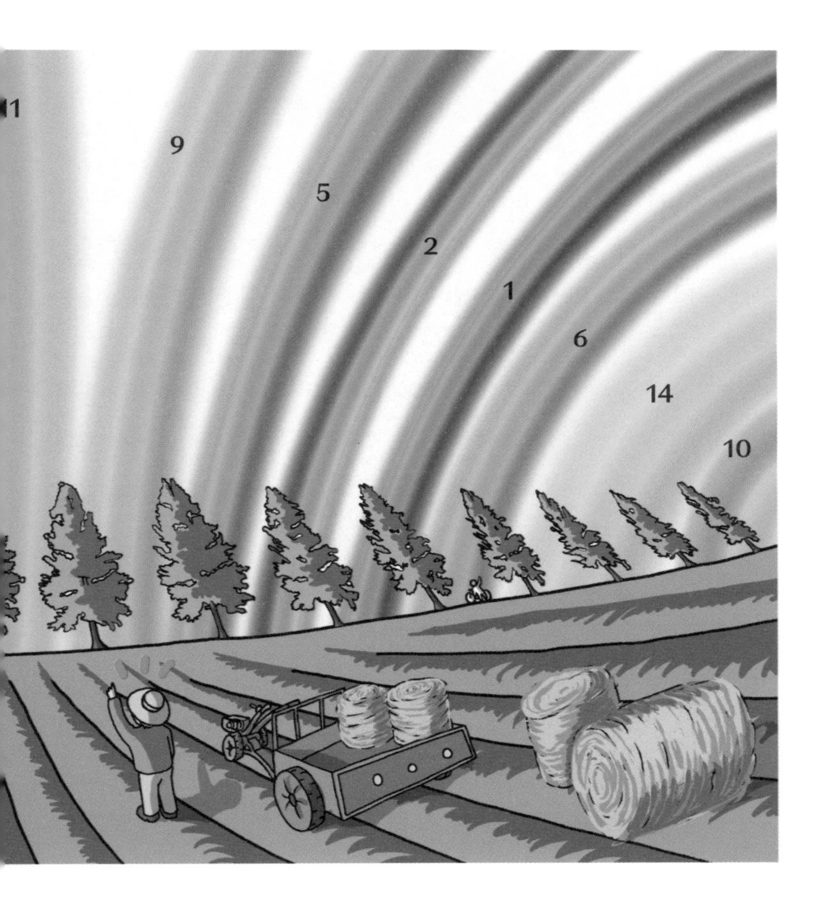
11
9
5
2
1
6
14
10

9장

물방울 안에서 일어나는 일

시야를 가득 채우는 거대한 무지개라도 알고 보면 아주 작은 물방울 안에서 일어나는 일이다. 그러니 물방울 안에서 어떤 일이 일어나는지 아는 것은 무지개를 이해하는 데 기본이 된다.

빛은 물방울의 모든 면으로 들어갈 수 있지만 아래로 들어간 빛은 위로 반사되어 나오므로 지상에 있는 우리가 볼 수 없다. 그래서 그림처럼 위로 들어가는 빛만 고려하면 된다. 위로 들어가야 아래로 반사되어 나와 지표 근처의 관찰자가 볼 수 있기 때문이다.

왼쪽 그림처럼 반사되어 나오는 빛을 중심에서부터 작도해 보면 물방울의 중심에서 멀어지면서 반사되어 나오는 빛들이 점점 촘촘해지는 것을 볼 수 있다. 반사되어 나온 1′~7′번 광선은 간격이 크지만 8′와 9′는 상대적으로 간격이 좁다. 오른쪽 그림처럼 특히 집중된 8, 9, 10번 부분으로 들어가는 빛의 수를 늘려 보면, 한곳에 빛이 집중되는 것을 알 수 있다. 따라서 다른 빛보다 더 강하게 보이는 빛들이 있고 이것이 선명한 무지개를 만드는 주요 광선이 된다.

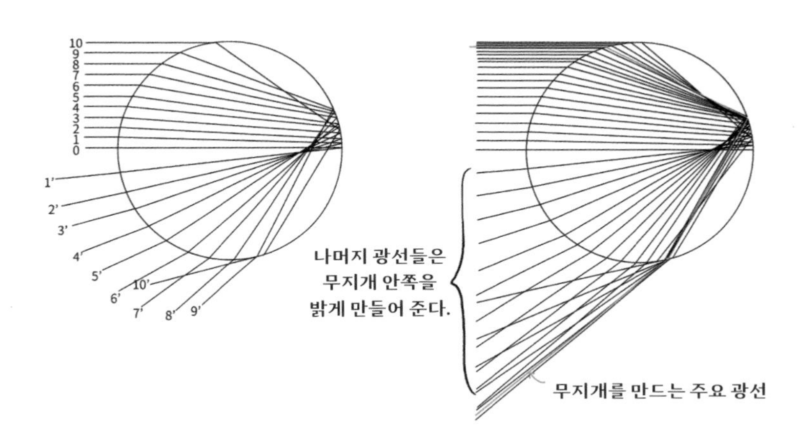

빛이 물방울에 들어가 반사되어 나오는 모습을 작도한 결과.

수영장에서 물이 출렁거리면 수영장 바닥에 밝은색 빛이 일렁이는데 주요 광선이 만들어지는 원리도 이것과 비슷하다. 이것을 초점광선(caustic ray)[17]이라고 한다. 무지개를 만드는 주요 광선은 이 초점광선과는 조금 다르다. 물방울로 들어오는 빛 대부분은 물방울을 통과해 버리고 극히 일부분만 반사되기 때문이다. 게다가 반사되는 빛 중에서도 또 일부분만 주요 광선으로 모인다. 그러니 우리가 무지개를 보는 것은 물방울에 들어간 빛 중 극히 일부분을 보게 되는 것이다.

주요 광선이 아닌 나머지 빛들은 합쳐져 무지개 안쪽을 밝게 만든다. 2차 무지개에선 무지개 밖을 밝게 만든다.

무지개의 핵심 아이디어인 이 원리는 요하네스 케플러(Johannes Kepler)가 아이디어를 내고 르네 데카르트(René Descartes)가 수작업으로 계산했으며 뉴턴이 미적분으로 깔끔하게 완성했다.

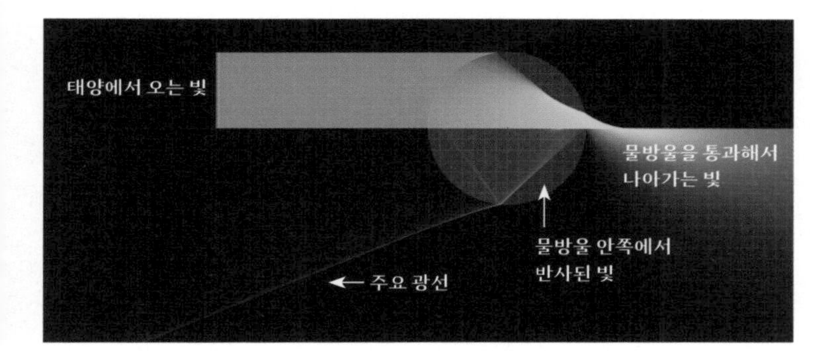

1만 개 광선으로 시뮬레이션 한 무지개의 주요 광선.

주요 광선 덕택에 무지개는 다른 빛보다 강한 빛이 모여서 만들어진다. 반대로 빛이 전혀 도달하지 않는 각도도 생긴다. 1차 무지개와 2차 무지개 사이인 42도와 51도 사이에서는 아무 빛도 관찰자의 눈으로 들어가지 않게 된다. 하늘의 이 영역에서 빗방울에 의해 반사되는 빛은 다른 관찰자가 다른 곳에서 본 무지개에 기여할지라도, 이 관찰자에게 도달할 수는 없다. 그래서 무지개 사진을 보면 1차 무지개와 2차 무지개 사이의 공간은 다른 공간에 비해 어둡다. 이곳을 알렉산더의 어두운 띠(Alexander's Dark Band)라고 부른다.[18]

그리스의 철학자 아프로디시아스의 알렉산드로스(Alexandros of Aphrodisias)는 기원전 200년경 아리스토텔레스(Aristotelēs)의 기상학을 해설하면서 "1차 무지개의 위쪽 끝이 빨간빛이고 2차 무지개의 아래쪽 끝도 빨간빛인데 왜 마주 보는 둘 사이는 빨갛지 않고 어두운가?"라는 호기심 어린 질문을 남겼다.

이 질문을 통해 알렉산드로스는 무지개 역사에 이름을 남긴다. 해답을 제시한 것도 아닌데 말이다. 아마도 그조차도 자신의 이름을 딴 어두운 띠가 있을 것이라고는 상상하지 못했을 것이다. 이 질문에 대한 답은 그로부터 2,000년 가까이 지나서야 데카르트에 의해 풀린다.

1차 무지개와 2차 무지개 사이의 어두운 공간을
'알렉산더의 어두운 띠'라고 한다.

무지개 사진을 보면 무지개 안쪽이 항상 밝은 것을 볼 수 있다. 이것은 앞에서 말한 주요 광선이 아닌 다른 빛들에 의해서 만들어진다. 이 빛들은 주요 광선처럼 특정한 각도로만 나아가지 않고 주요 광선보다 작은 각도로 퍼진다. 다양한 색의 이런 빛들은 결국 무지개 안쪽에서 합쳐져서 무지개 안쪽을 하얗게 밝게 보이게 하는 것이다. 마찬가지 이유로 2차 무지개 밖도 알렉산더의 어두운 띠보다 밝게 보인다.

비가 내릴 때 물방울은 떨어지면서 서로 합해져 크기가 커진다. 물방울의 크기가 커지면 무지개의 폭은 좁아지다가 결국 흰빛의 띠가 된다. 주요 광선을 만드는 빛이 줄고 빛이 그대로 반사되기 때문이다. 그래서 큰 물방울은 무지개를 만들지 못한다.

우리 주변에도 큰 물방울이 빛을 반사하는 원리를 이용한 것들이 많다. 도로의 표지판이나 차선에 유리 구슬을 넣는데 이것은 구형 유리 구슬이 물방울처럼 빛을 잘 반사하기 때문이다. 어두운 밤길을 비추는 자동차 전조등의 빛은 유리 구슬에 반사되어 차선과 표지판을 밝게 보여 준다.

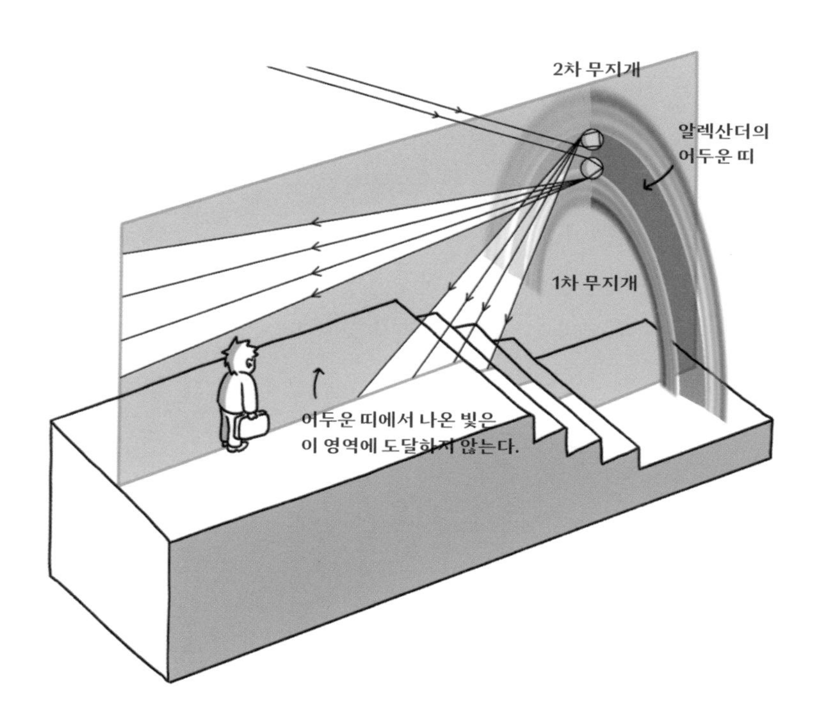

알렉산더의 어두운 띠가 만들어지는 과정.

주요 광선이 아닌 나머지 광선들이 무지개를 만들기도 한다. 1차 무지개 안쪽을 보면 작은 무지개들이 연속적으로 나타나는 것을 볼 수 있다. 이것을 '과잉 무지개(supernumerary rainbow)'라고 한다. 주요 광선이 아닌 빛들이 서로 합쳐져 나타나는 무지개다.

어쩌면 과잉 무지개는 주요 광선의 개념을 넘어서는 무지개이기도 하다. 빛은 파동의 성질을 띠고 있는데 일렁이는 파동이 서로 합쳐져 커지기도 하고 또 작아지기도 한다. 이러한 성질은 '간섭'이라고 한다. 비슷한 경로를 지나오는 여러 빛이 간섭 현상을 일으켜 이렇게 일렁이는 작은 무지개를 여럿 만드는 것이다.

과잉 무지개는 빛의 파동성 때문에 만들어지는 특별한 현상이다. 뉴턴 시대 이후 토머스 영(Thomas Young)이라는 영국의 물리학자에 의해 그 기본 원리가 밝혀졌다.

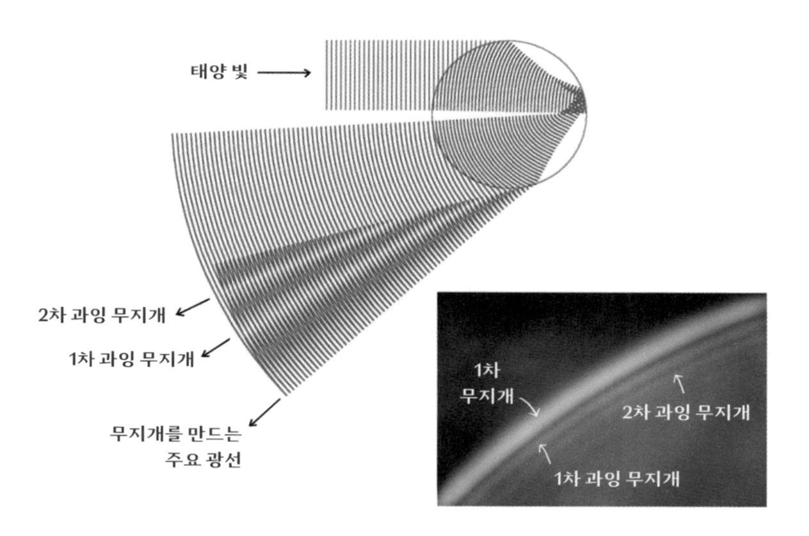

과잉 무지개가 만들어지는 원리.

10장
가짜 무지개들

무지개를 만드는 물방울은 진짜 동그랄까?

하늘에 있는 물방울들은 그 크기가 0.1~3밀리미터 정도이다. 이런 물방울들은 떨어지다가 공기 저항을 받게 된다. 또 서로 뭉치려는 힘이 작용해 동그랗게 뭉치기도 한다. 그래서 물방울의 크기에 따라 모양이 제각각 다르다.

우리가 빗방울을 눈물방울처럼 그리는 것은 사실상 잘못된 표현이다. 앞에서 독자의 이해를 돕기 위해 빗방울을 눈물처럼 그렸지만, 실제 내리는 빗방울은 만두처럼 납작한 모양이다. 그렇다면 여태껏 동그란 구 모양의 물방울로 무지개의 과학적 원리를 분석한 것은 잘못된 것일까?

소나기처럼 내리는 빗줄기는 무지개를 만들지 못한다. 비가 온 후 공기 중에 남아서 떠 있는 작은 물방울이 무지개를 만들기에 제격이다. 이 물방울은 지름이 1밀리미터 근방이다. 이 정도 크기의 물방울은 대개 동그란 구 형태를 이룬다.

물방울이 작아지면 곡률 반지름이 작아지기 때문에 더 휘어진 표면을 이룬다. 그래서 빛이 더 많이 꺾이게 되고 무지개의 폭은 더 넓어진다. 그러다 방울이 더 작아지면 더 이상 굴절로 인한 무지개는 만들어지지 않는다.

크기가 1밀리미터보다 작으면 물방울은 낙하하지 않고 공기 중에 떠 있다가 증발해 사라지거나 안개나 구름 등을 만든다. 이렇게 작은 물방울에서는 빛의 굴절로 인한 무지개는 사라지고 회절의 영향을 받은 무지개색 띠가 나타난다. 위치나 보이는 시야에 따라 서로 다른 이름이 붙는데 엄밀히 말하면 이들은 무지개가 아니다.

우리가 무지개로 여기는 것은 지름 1밀리미터 정도의 물방울이 햇빛을 반사, 굴절시켜 만드는 색의 띠를 말한다.

크기별 빗방울의 모양

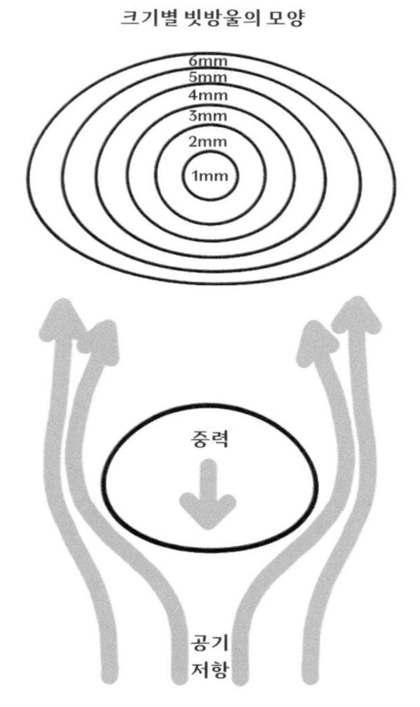

빗방울은 공기 저항, 중력의 영향으로 만두처럼 찌그러진다.

물방울의 지름이 1밀리미터보다 작으면 굴절보다는 회절 효과가 더 크게 나타나 여러 가지 빛이 없어지고 흰빛의 무지개만 만들어진다. 그리고 과잉 무지개처럼 작은 무지개들이 연속적으로 나타나 보인다. 이것을 무지개라고 잘못 이야기하기도 한다. 이른바 가짜 무지개인 셈이다.

이것은 나타나는 위치와 보는 방향에 따라 글로리(glory), 코로나(corona), 포그보(fogbow) 등으로 불린다. 코로나는 태양 주변에 만들어지는 것으로 '해무리'라고도 하며 우리가 이것을 보고 동그란 무지개가 떴다며 흥분하기도 한다. 글로리도 원형 무지개처럼 보이는데 주로 비행기를 타고 가다가 구름 주변에서 볼 수 있다. 관찰자의 그림자 주변에 구름이 있을 때 동심원의 무지갯빛이 보이는 것으로 구름의 작은 물방울에 의해 만들어지는 가짜 무지개다. 포그보는 무지개와 비슷한 위치에 흰색의 옅은 무지개 모양이 만들어지는 것으로 흰색 무지개라고 불린다. 이것도 가짜 무지개다.

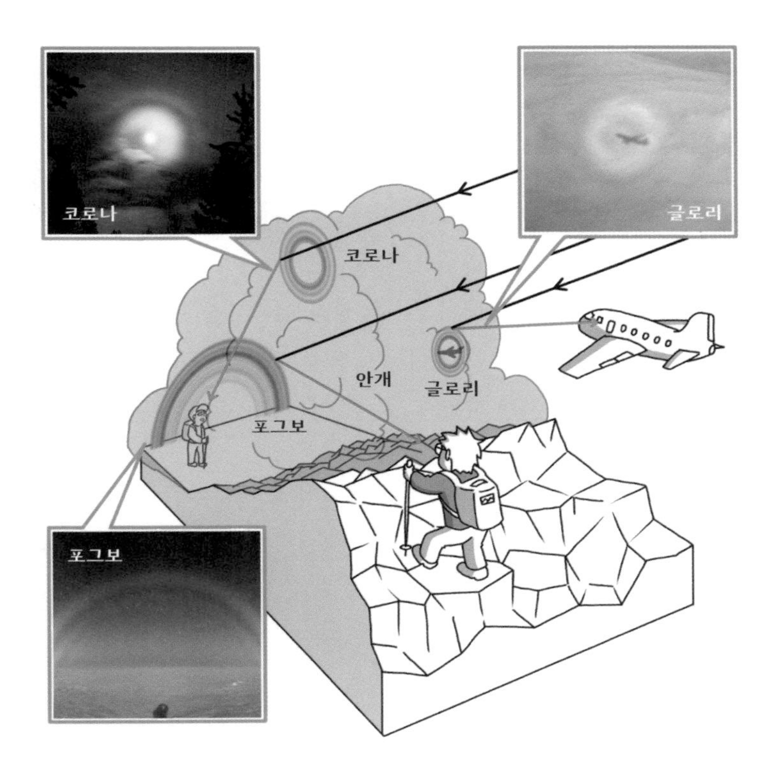

안개 때문에 만들어지는 가짜 무지개들.

물방울이 아닌 작은 얼음으로 만들어지는 가짜 무지개를 아이스 헤일로(ice halo)라고 한다. 극지방 같은 추운 곳에서 태양이 낮게 뜨고 공기 중에 얼음 알갱이들이 많이 떠다닐 때 잘 만들어진다. 얼음 알갱이들은 온도와 습도에 따라 그 모양을 달리하는데 아이스 헤일로는 주로 육각 기둥이나 육각판 모양의 얼음 알갱이들이 빛을 굴절시켜 만들어진다. 다양한 각도에서 제각각의 모양으로 나타나기 때문에 위치마다 각각 다른 이름을 붙인다.

아이스 헤일로는 무지개와 달리 태양 방향으로 관찰할 수 있기 때문에 만들어지는 각도가 다르다. 가장 가깝게 나타나는 아이스 헤일로는 태양과 약 22도 각도에서 만들어진다. 그리고 두 번째는 46도 정도에서 만들어진다. 이때 만들어지는 원형 무지개 띠가 하늘의 꼭대기에만 일부분이 보이는 경우가 있는데 이것을 우리는 흔히 '수평 무지개'라고 부른다.

수평 무지개 근처에서 작은 육각판 모양의 얼음 알갱이에 의해 굴절된 빛이 뒤집힌 무지개색 띠를 만드는데 이것을 천정호(circumzenithal arc)라고 한다. 무지개가 거꾸로 떴다면서 신문에서 호들갑을 떠는 바로 그것이다. 두 아이스 헤일로가 짧게 만들어지면 수평인지 뒤집혔는지 구분하기 힘들고, 만들어지는 각도도 같아서 때론 이 두 가지를 구분하지 않고 쓰기도 한다.

얼음 조각들이 만들어 내는 가짜 무지개들.

수평 무지개나 천정호를 볼 때보다는 사람들이 덜 흥분하지만 재미있는 현상이 하나 더 있다. 우리말로 '환일'이라고 불리는 현상이다. 이것은 태양으로부터 약 22도 각도에서 태양을 중심으로 2개가 만들어진다. 그리고 아주 밝다. 태양처럼. 영어로 sundog라고 하는데 태양을 따라다니는 개와 같다고 해서 그런 이름이 붙었다. 태양이 아주 낮게 수평으로 드리울 때 공기 중 아주 작은 얼음 조각들이 많이 떠 있으면 환일이 잘 나타난다. 원래는 무지갯빛이어야 하지만 굴절되는 각도가 작고 빛이 밝기 때문에 또 다른 태양처럼 보인다.

아리스토텔레스도 환일을 보고 항상 태양을 따라다니는 신하 같다고 했고 셰익스피어는 그의 희곡에 환일이 태양과 입맞춤하려고 한다고 표현하기도 했다. 애견과 입맞춤을 하는 옆집 아가씨를 볼 때마다 셰익스피어의 문학적 상상력에 혀를 내두른다.

태양을 따라다니는 태양의 개, 환일.

달에 의해 만들어지는 달무지개를 영어로는 '문보(moonbow)'라고 부른다. 이것을 진정한 무지개라고 불러야 할지는 논의가 필요하지만 태양 대신 달을 광원으로 하는 것을 빼면 무지개와 완벽하게 같은 과정으로 만들어진다. 다만 달이 보름날처럼 밝아야 볼 수 있고 보통은 흰색 아치만 보인다. 이것은 무지개가 흰색이 아니라 빛이 아주 약해 흰색으로 느껴지는 것이다. 어두운 밤에 색을 구별할 수 없는 것과 같은 이치다. 그래서 옆 사진처럼 색이 있는 무지개는 긴 노출을 준 사진으로만 볼 수 있다.

사실 달빛은 태양 빛을 달이 반사하는 것으로 햇빛의 스펙트럼과 달에서 오는 빛의 스펙트럼은 일치한다. 그러니 무지개의 모든 특성이 달무지개에도 나타나는 것은 당연하다. 다만 꽤 보기 힘든 게 단점이다. 아리스토텔레스는 "달에 의한 무지개를 50년 동안 두 번 봤다."라고 쓰기도 했다.

달빛이 만드는 무지개.

이제 무지개를 직접 보거나, 무지개 사진을 보면서 다른 사람에게 아는 척할 만한 사실 네 가지를 알았다. 가장 먼저 쌍무지개가 뜨면, 그냥 쌍무지개라고만 하지 말고 1차 무지개와 2차 무지개라고 정확한 명칭을 짚어 줄 수 있게 되었다. 두 번째로는 무지개 안쪽이 매우 밝다는 것을 알려줄 수 있게 되었다. 아마도 같이 본 친구들은 뻔히 보이는 이런 사실도 그동안 눈치채지 못하고 있었을 것이다. 항상 아는 만큼 보이는 것이다. 세 번째는 1차 무지개와 2차 무지개 사이의 어두운 공간이 있고 이를 이름도 멋진 '알렉산더의 어두운 띠'라고 조금 폼 잡고 말하면 모두 고개를 끄덕일 것이다. 마지막으로 1차 무지개의 보라색 안쪽에 희미하게 작은 무지개들이 연속적으로 보이는 과잉 무지개가 있다는 것을 알려줄 수 있다. 아마도 몇몇 친구는 과잉 무지개를 관찰하고 놀라워할지도 모르겠다.

그러나 더 중요한 것을 잊지 마라. 무지개는 아직도 밝혀지지 않은 수수께끼가 많다. 현대 과학으로도 풀지 못한 신비가 있다는 것을 친구들의 놀란 눈을 응시하면서 힘주어 얘기해야 한다.

다시 보는 무지개 사진, 알고 보면 보인다.

11장

원이 되고 싶은 무지개

무지개는 왜 꼭 둥근 것만 있을까? 네모난 무지개가 있다면 신기할 것도 같다. 그렇지만 무지개는 특별한 각도에서 오는 빛을 보는 것인데 무지개가 네모나면 모서리와 중간의 각도가 달라진다. 따라서 이런 무지개는 있을 수 없다. 그래서 각도가 변하지 않는 동그란 모양의 무지개가 생긴다. 마치 꼭지각이 일정한 삼각자를 돌리면 반원이 그려지듯이 무지개는 동그란 원으로 만들어진다.

1차 무지개의 빨간빛의 경우 태양-물방울-관찰자가 이루는 각도가 42도이므로 무지개는 태양이 비추는 각도에 따라 크기가 달라진다. 태양이 낮게 비추면 큰 반원 무지개를 볼 수 있고 태양이 높게 뜨면 무지개가 작아지다가 태양이 고도가 42도보다 높아지면 무지개가 사라진다. 그래서 무지개는 태양이 낮게 떠 있는 아침이나 저녁에 해가 질 때쯤에 자주 보인다.

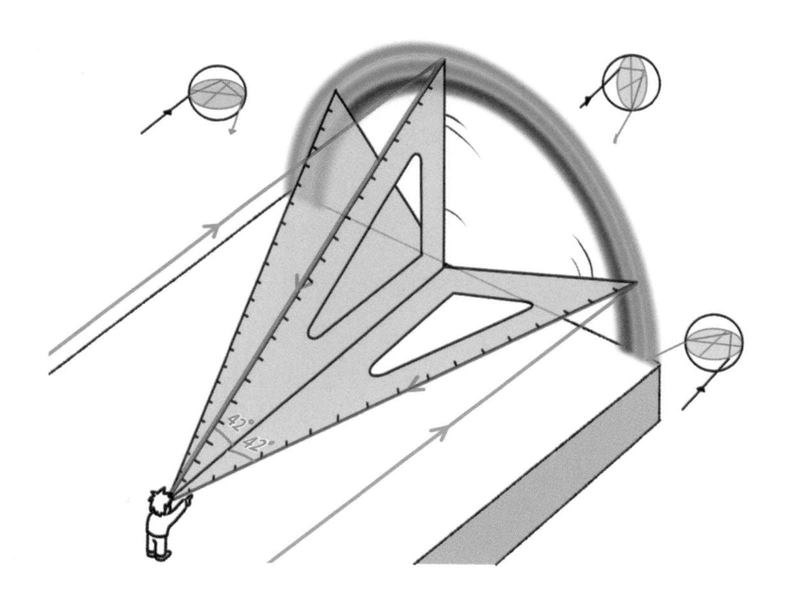

무지개가 동그랗게 보이는 이유.

계절에 따라서도 무지개를 볼 수 있는 시간이 다르다. 여름에는 태양의 고도가 높아 해가 뜨자마자 빠르게 고도가 높아져 무지개를 볼 수 있는 시간이 짧다. 반면 겨울에는 태양의 고도가 낮아 천천히 상승하므로 아침, 저녁으로 태양이 낮게 비추는 시간이 길다. 심지어 동짓날 서울 태양의 남중 고도는 29도밖에 되지 않으므로 온종일 태양이 42도를 넘지 않기 때문에 조건이 된다면 종일 무지개를 볼 수 있다. 하지만 불행히도 우리나라 겨울은 건조하고 비가 내리지 않아 겨울 무지개는 사실상 흔하지 않다. 이 때문에 북반구의 경우 겨울이 습하고 긴 북쪽 지방에서 무지개를 쉽게 볼 수 있다.

습하고 비가 많이 내리는 여름, 가장 남쪽인 서귀포의 경우, 하짓날 오전 9시경부터 이미 태양은 42도를 넘어서고 오후 5시쯤이 되어야 다시 42도 아래로 내려온다.[19] 따라서 거의 온종일 무지개를 볼 수 없는 셈이다. 비가 방금 그친 아침에 일찍 일어나 서쪽 하늘을 보거나, 비 그친 퇴근길 축축한 만원 버스 안에서 우연히 동쪽 하늘에서 뜬 무지개를 보며 오늘보다 나은 내일의 희망을 품어야 한다.

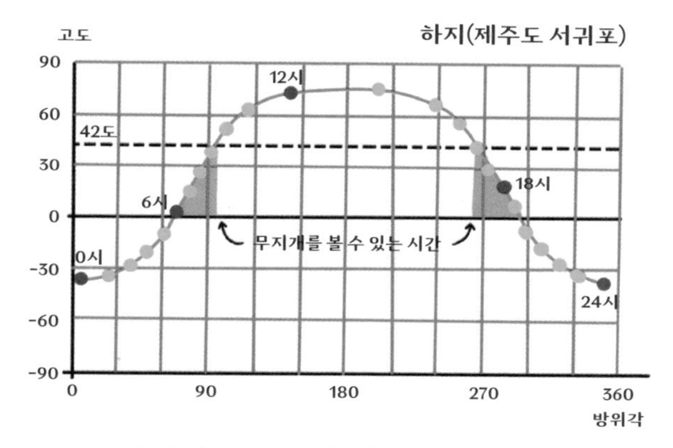

해가 너무 높이 뜨면 무지개를 볼 수 있는 시간이 짧다.

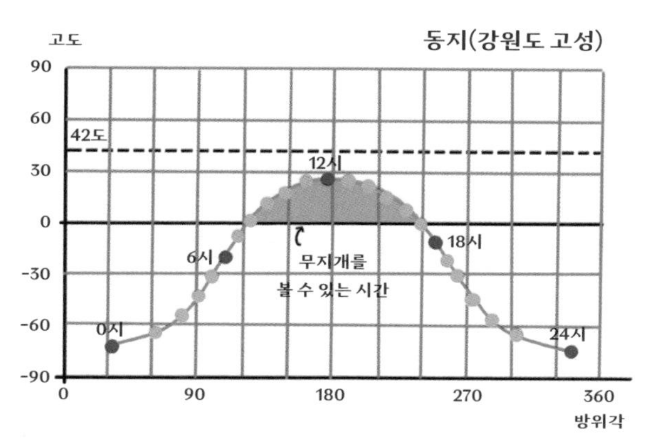

건조한 겨울에는 해가 낮게 뜨더라도 무지개를 보기가 쉽지 않다.

만약 땅이 없다면 완벽하게 동그란 무지개를 볼 수 있을까? 반원보다 더 큰 무지개를 볼 수 있는 몇 가지 방법이 있다. 높은 곳에서 아래 있는 폭포를 보면 반원보다 큰 무지개를 볼 수 있을지 모른다. 물론 폭포가 만드는 물보라가 굉장히 넓게 퍼져야 한다.

폭포의 물이 떨어지면서 만드는 물방울의 크기는 무지개를 만들 수 있는 최적의 크기인 1밀리미터 내외이다. 때문에 남쪽을 바라보는 큰 폭포들에는 온종일 무지개를 만들 수 있는 특권이 주어진다. 무지개를 볼 수 있는 제일 좋은 장소인 셈이다.

폭포를 위에서 내려다보면 폭포가 만든 시원한 물줄기와 함께 피어오르는 물보라가 동그란 무지개를 만든다. 무지개의 각도는 좌우로 42도이므로 화각이 80도가 넘는 광각 렌즈를 가진 카메라가 있어야 무지개 전체를 사진에 담을 수 있다.

폭포의 물보라가 만들어 낸 원형 무지개.

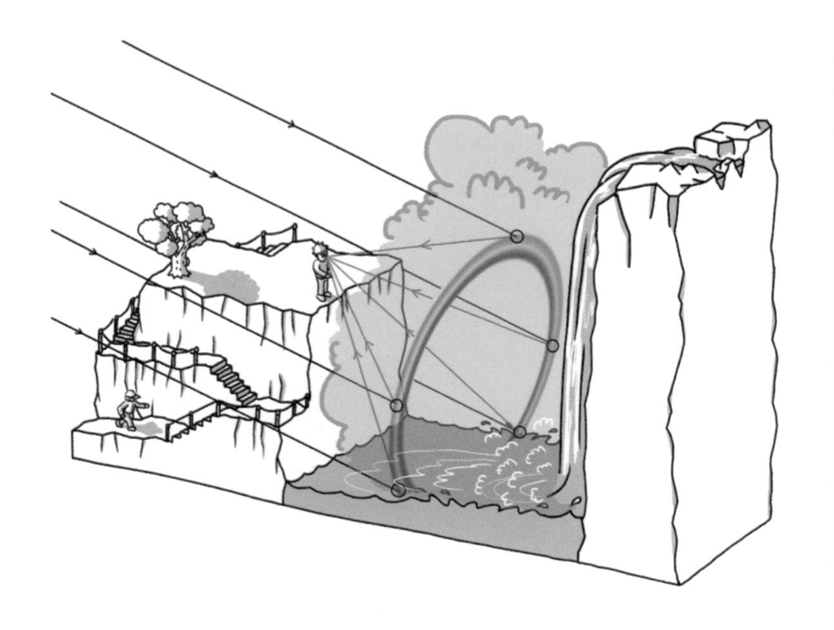

폭포가 만드는 무지개.

동그란 무지개를 볼 수 있는 더 좋은 방법은 비행기를 타고 올라가 창밖으로 비 내리는 지표를 보는 것이다. 각도만 잘 맞으면 동그란 무지개를 볼 수 있다. 완벽한 원형 무지개는 태양이 거의 수직으로 비출 때 지표면을 내려다봐야 하는데 비행기의 좁은 창문으로는 전체 모습을 보긴 어렵다. 비행기의 창문을 뚫고 고개를 빼 관찰해야 하는데 원형 무지개를 보겠다고 목숨을 거는 것은 아무래도 부질없어 보인다.

무지개는 완벽한 원형보다는 반원이 더 신비롭다. 무지개에 다가갈 수 없는 불완전함이 인간에게 무지개 끝에 대한 여러 이야기를 만들게 했듯이 원형 무지개도 무지개 끝처럼 도달할 수 없는 이상처럼 여겨지는 게 낭만적이지 않을까?

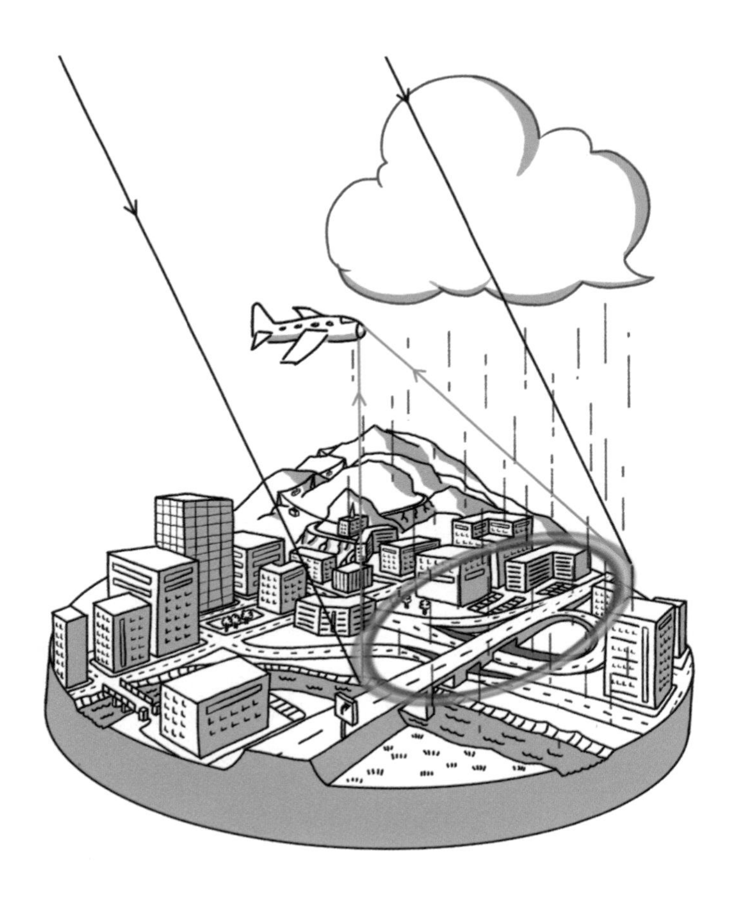

동그란 무지개를 볼 수 있는 방법.

때로는 뒤집힌 무지개가 생기기도 한다. 하늘에 생기는 무지개와 동시에 나타나기도 하는데 둘이 합쳐져서 동그랗게 보이기도 한다. 아래로 봉긋한 이 무지개는 '반사 무지개'라고 하는데 넓은 호수나 바다에서 반사된 빛 때문에 생긴다. 이슬이 맺힌 풀밭에 생기는 경우도 있다.

이런 현상은 하늘에 뜬 무지개가 호수에 비친 것으로 잘못 이해할 수 있는데 수면에 반사된 무지개는 하늘에 떠 있는 무지개와는 별개의 다른 것이다. 무지개의 물방울에서 나온 빛은 특별한 각도로만 반사되기 때문에 관찰한 사람의 눈으로만 들어가지 호수의 수면 쪽으로는 나아가지 않는다.

뒤집힌 무지개는 하늘에 있는 무지개와는 다른 곳의 물방울에서 나온 빛이 잔잔한 호수에 반사되어 눈에 들어온 것이다. 호수에 비친 하늘에 새로운 무지개가 생기는 것이다. 이 원리는 데카르트에 의해 17세기에 설명되었다.

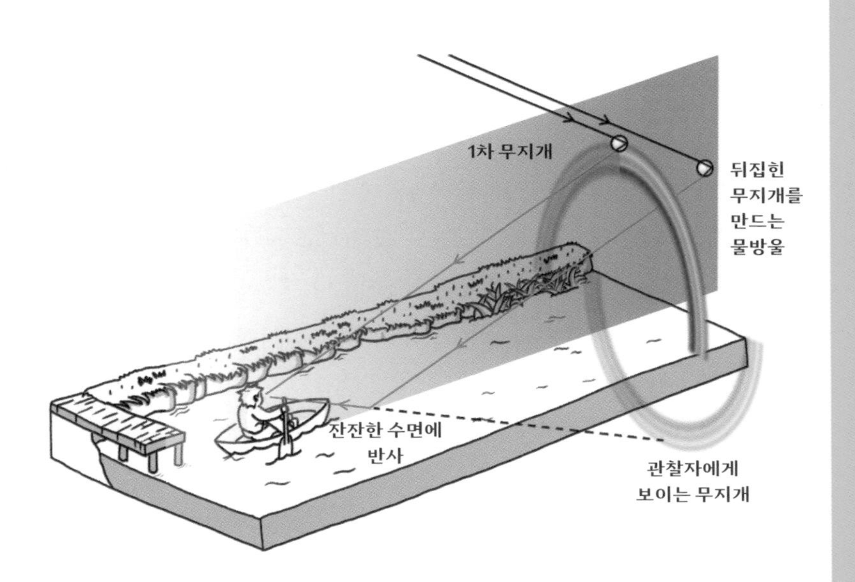

뒤집힌 무지개는 무지개가 물에 비친 것이 아니다.

종종 두 겹으로 만들어지는 무지개를 관찰하기도 한다. 우리나라에서는 사실 관찰하기가 어렵다. 넓은 평야와 거울처럼 잔잔한 호수, 낮은 태양의 고도, 흩날리듯 오래 내리는 비 같은 조건들이 잘 맞아떨어져야 한다.

겹친 무지개는 호수에 반사된 빛으로 만들어진다. 앞서 반사된 무지개는 물방울에서 온 빛이 호수에서 반사되어 눈으로 들어오지만 겹친 무지개는 호수에서 먼저 반사된 빛이 물방울에 들어가서 만들어진다. 조건이 좋아 1, 2차 무지개가 동시에 겹친다면 하늘에는 4개의 무지개가 겹쳐서 떠 있는 진귀한 풍경을 만나게 된다.

이 원리는 17세기 말 에드먼드 핼리(Edmond Halley)와 안데르스 셀시우스(Anders Celsius)에 의해 설명되었다. 에드먼드 핼리는 핼리 혜성을 발견하고 자기 이름을 붙인 영국 천문학자이며 뉴턴의 절친이다. 셀시우스는 섭씨 온도(℃) 체계를 만든 스웨덴 물리학자다. 이런 과학자들도 무지개 연구에 한몫한 것이다.

겹친 무지개.

무지개는 너무나도 친숙한 나머지 많은 사람이 그것에 대해 다 알고 있다고 여긴다. 물방울이 프리즘 역할을 해서 '빨, 주, 노, 초, 파, 남, 보'의 일곱 가지 색이 나타난다고 말이다. 사람들은 그게 무지개의 전부라고 여기면서 무지개의 신비는 이미 수백 년 전에 모두 다 풀렸다고 생각한다.

그렇다. 이제껏 이 책에서 다루어 온 무지개에 대한 이야기들은 몇 가지를 제외하고는 놀랍게도 13세기에 다 밝혀진 것들이다. 하지만 그 이후에 밝혀진 것들도 무궁무진하다. 그러니 무지개에 대해 지금 다 알았다고 말하지 않는 것이 좋다. 앞으로도 많은 이야기가 남아 있고 또 놀라운 이야기가 숨어 있다.

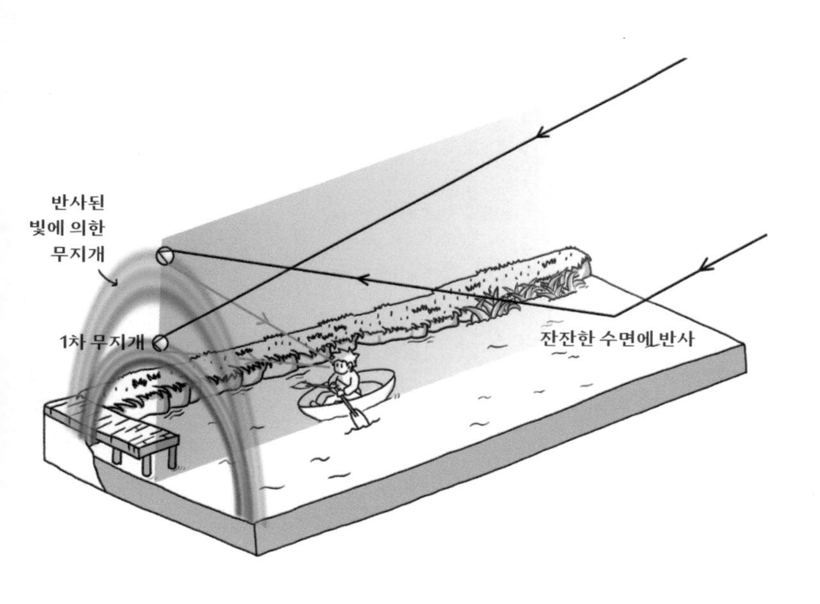

겹친 무지개는 빛이 호수에서 반사되어 만들어진 것이다.

3부
무지개의 비밀을 밝힌 과학자들

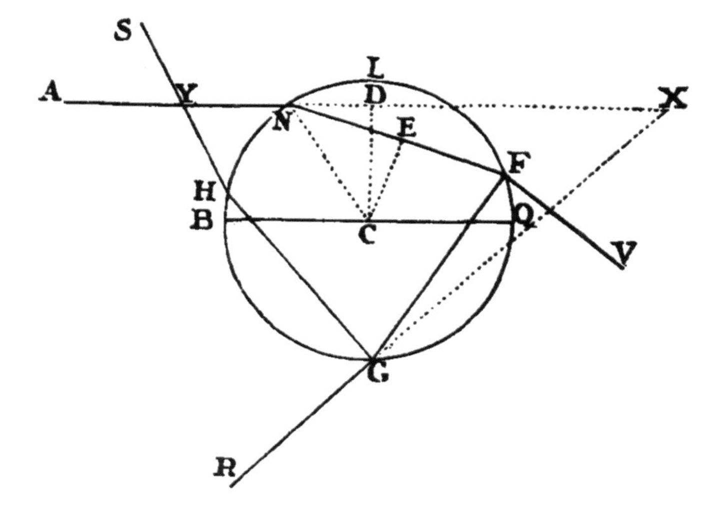

과학자들은 마침내 무지개가 생기는 원리를 알아냈다.
이들은 물방울에 들어간 빛의 경로를 예측하고 광선을 작도했다.
무지개의 비밀을 밝히는 데 기여한 과학자는 많지만
무지개만 연구한 과학자는 없었다.
하지만 무지개를 연구한 과학자들은 어김없이 당대 최고의 과학자였다.

12장
신화에서 과학으로

고대 그리스 철학자들은 무지개에 다가간 용감한 소년의 수백 번째 후손이었다. 그들의 호기심은 남달랐다. 그들은 세상의 이치에 대해 논쟁하는 것을 즐겼다. 어느 날 한 사람이 물었다.

"자네들, 본다는 것에 대해 생각해 본 적이 있는가?"

본다는 것에 대한 궁금증은 빛과 색에 대한 논쟁으로 번졌고 자연스럽게 다채로운 색을 가진 무지개로 흘러갔다. 그들은 무지개가 어떻게 만들어지는지 궁금해했고 그 원리를 설명하고 싶어 했다. 많은 철학자가 무지개에 대한 자기 생각을 글로 남겼는데 그중 독보적인 한 사람이 있었다. 무지개에 대한 그의 이론은 너무도 강력했다.

아리스토텔레스! 이름도 비슷한 동시대 여러 사람 중에서 그나마 가장 입에 잘 붙는 이름을 가진 그는 백과사전 같은 지식을 가진 사람이었다. 천문, 지리, 기상, 철학, 문학 등 이곳저곳에 발을 담근 그리스 최고의 철학자이자 과학자인 그가 이 무지개를 그냥 지나쳤을 리 없다. 하지만 무지개 연구는 그의 방대한 연구 포트폴리오 목록에는 들어가지도 못한다. 그저 『기상론(*Meteorologica*)』이라는 책의 구석에 일부분으로 추가되었을 뿐이다. 그런데 이 이론이 거의 2,000년 동안 그대로 받아들여진다. 과학의 역사에서 이렇게 오랫동안 생존한 이론은 흔하지 않다.

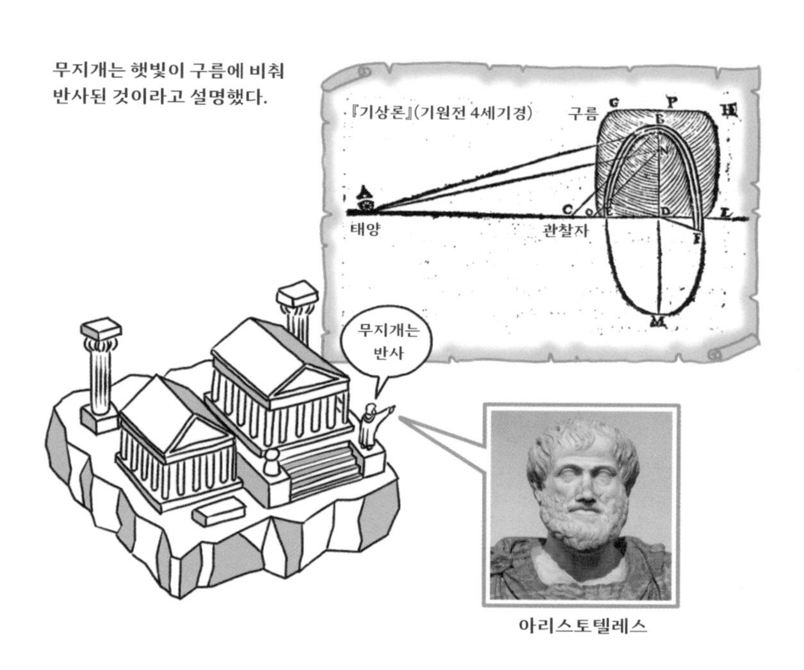

아리스토텔레스

아리스토텔레스는 처음으로 무지개에 과학 개념을 적용했다.
그는 무지개가 구름에 반사된 빛 때문에 생긴다고 여겼다.

그의 책 『기상론』에는 무지개에 대한 이론이 다음과 같이 요약되어 있다.[20]

① 무지개는 태양 빛이 반사하는 것으로 태양의 반대쪽에 생긴다.
② 무지개는 완전한 원형으로 생기지 않으며 해가 높이 뜨면 사라진다.
③ 무지개는 빨강, 초록, 파랑의 3색이며, 외부 무지개(2차 무지개)는 반대로 되어 있다. 그리고 밤에 달에 의해서도 무지개가 만들어진다.

이 세 가지 요약은 오로지 무지개를 눈으로 관찰하고 도형과 직선을 몇 개 그려 수학적으로 추론한 결과물이다. 특히 무지개의 본질은 빛의 '반사'라고 한 그의 이론은 무지개를 역사상 처음으로 과학적으로 설명한 것이다. 이후 그의 이론은 여러 사람에 의해 보완되었고 점차 강력한 이론으로 자리매김하게 된다.

아리스토텔레스는 처음으로 2차 무지개의 형성 과정을 언급했다. 2차 무지개는 1차 무지개에서 나온 빛이 더 먼 구름에 비친 것으로 거울에 의한 반사와 비슷한 과정이라고 설명했다. 거울 앞에 서면 왼쪽과 오른쪽이 바뀌어서 비치게 되는 것처럼[21] 1차 무지개와 색상 배치가 반대로 된다고 설명했고, 더 멀리서 반사되어 오는 빛이기 때문에 조금 더 흐려진다고 말했다. 그럴싸하다.

당시에는 아리스토텔레스의 이 설명이 사실인지 확인할 방법이 없었다. 실험을 통한 증명이라는 과학적 방법론이 아직 자리 잡지 못했기 때문이다. 게다가 당시 아리스토텔레스의 위상은 현대 물리학에서 아인슈타인이 차지하는 것보다 훨씬 강했다. 더군다나 설명 자체가 그럴싸하게 들리니 검증 여부와 관계없이 그의 이론은 진실로 여겨졌다. 게다가 나름의 수학적 근거도 있었기에 지금 보면 어설프지만 당시 수준으로서는 굉장히 혁신적인 분석이었다.

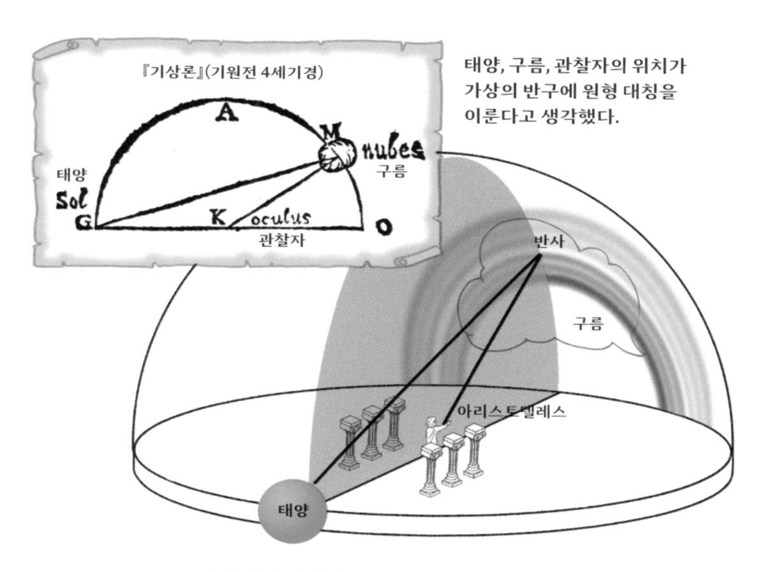

2,000년 동안 변하지 않은 아리스토텔레스의 반구형 모형.

아리스토텔레스의 스승인 플라톤(Plátōn)은 눈에서 '시각 광선'이 방출되기 때문에 볼 수 있다고 생각했다. 플라톤은 우리 내부에 "순수한 불"이 있고 그것이 눈을 통해서 나와 물체와 충돌하기 때문에 사물을 볼 수 있다고 주장했다.

반면 아리스토텔레스는 투명한 물질인 에테르(aether)[22]가 있어서 이것을 통해 빛이 전달된다고 여겼다. 색깔을 가진 물체는 에테르가 변화해서 색이 나타난다는 다소 생뚱맞은 이론을 만들었는데, 구색 맞추기로 만들어진 에테르라는 개념은 물리학사에서 꽤 오랫동안 살아남았다. 그는 프리즘에서 보이는 무지갯빛과 무지개의 색은 서로 관련이 없다고도 했다.[23] 사물을 보는 과정에 쓰이는 빛과 무지개를 관찰하는 과정에 쓰이는 빛이 서로 다르다고 여기기도 했다.

현대 과학의 관점에서 보면 아리스토텔레스의 분석은 일부는 옳고 일부분은 틀리다. 그리고 그의 진술은 무엇보다 모호한 구석이 많다. 아리스토텔레스의 무지개 이론은 많은 결함에도 불구하고 당시 다른 학자들에 비해 독창적이었으며 일관성이 있었다. 그래서 거의 1,000년 동안은 의심조차 받지 않았다. 오히려 그의 이론을 더 철저하게 만드는 연구들이 수행되었을 뿐이다.

그래도 간간이 몇몇 과학자들이 호기심을 참지 못하고 그의 이론에 의문을 가졌는데 아프로디시아스의 알렉산드로스도 그들 중 하나였다. 아리스토텔레스는 2차 무지개가 1차보다 흐린 이유가 더 먼 곳의 구름에서 반사되었기 때문이라고 했는데 알렉산드로스는 여기에 다음과 같은 의문을 제기한다. 2차 무지개가 멀리서 왔으니 더 어두운 것은 이해하겠는데, 그렇다면 1차 무지개와 2차 무지개 사이 공간은 중간 밝기가 되어야 하고 그 색은 붉은색이 되어야 하는 것 아닌가? 그런데 이 중간 지대가 색이 없고 어둡게 보이는 것은 이상하다는 것이다. 알렉산드로스는 그 이유에 대해 그럴싸한 답을 내놓진 못했지만 이런 질문 하나로 자신의 이름을 무지개 용어의 하나로 남긴다. 질문이 이렇게 중요하다.

1,000년 정도 지나자 아리스토텔레스의 이론을 의심하는 사람들이 본격적으로 생겨나기 시작했다. 로버트 그로스테스트(Robert Grosseteste)[24]는 12~13세기 영국의 신학자이며 과학자로, 옥스퍼드 대학교의 초대 총장이다. 그로스테스트는 아리스토텔레스가 말한 자연현상의 원인을 밝히는 과정에 과학 개념을 이용한 실험적 탐구 단계를 덧붙여 검증해야 한다고 제안했다. 또한 그는 선과 각과 숫자를 고려하지 않고는 자연 철학을 이해할 수 없다고 말하며 기하학의 작도 개념을 처음으로 무지개의 해석에 적용한 인물이었다.[25] 비록 그의 이론은 아리스토텔레스와 유사했지만 그는 무지개 연구에 있어서 최초로 과학적 검증에 대해 의미 있는 시도를 한 사람이었다.[26]

그는 불완전하지만 처음으로 굴절 개념을 무지개에 적용했다. 구름의 커다란 물방울이 빛을 굴절시키고 그 뒤에 있는 구름의 올록볼록한 표면에서 굴절, 반사되어 무지개가 만들어진다고 설명한 것이다. 구름에서 빛이 굴절되는 이유는 구름의 밀도 차이 때문이라고 했다. 그래서 무지개는 구름이 있는 곳에서만 보인다고 말했다.[27]

그의 이론은 아리스토텔레스의 이론을 기본으로 했지만 굴절이라는 새로운 개념을 추가하고 더 자세하게 다듬었다.

지금은 구름이 작은 물방울의 모임이라는 것을 알고 있지만 당시에는 구름을 하나의 물체로 생각했다. 특히 적란운과 같은 뭉게구름이 발달하면 주로 비가 내리므로 뭉게구름의 볼록한 면과 오목한 면에 무지개가 생긴다고 생각한 것은 나름 개연성이 있었다.

『무지개에 대하여(*De Iride*)』(1230년)

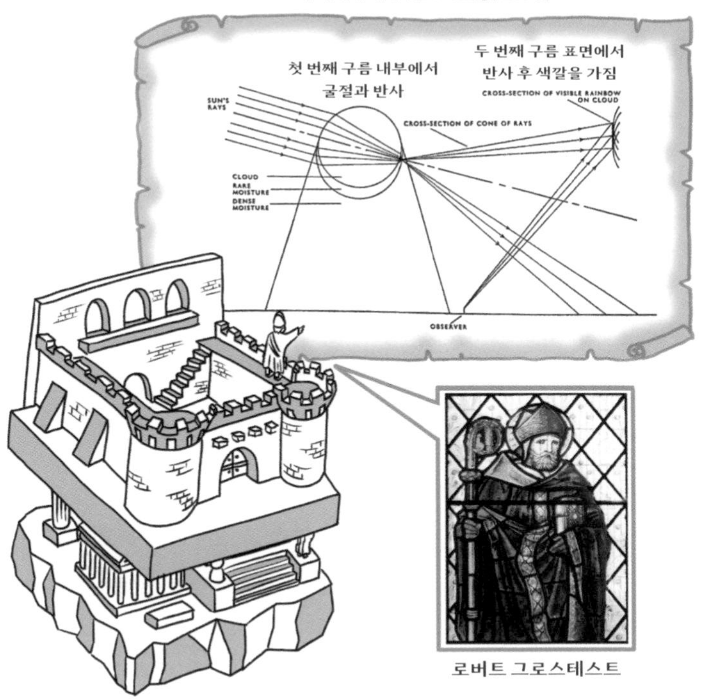

로버트 그로스테스트

그로스테스트는 처음으로 무지개에 굴절 원리를 도입해 설명했다.

그로스테스트의 무지개 이론과 그것을 담은 책 『빛에 관해서 혹은 형식의 시작에 관해서(*De luce sive de inchoatione formarum*)』은 당시 영국뿐 아니라 유럽 전역에 퍼져 강력한 지적 영향력을 행사하며 널리 읽혔다. 이후의 무지개 연구에서도 중요한 자료가 되었다. 이러한 유명세 때문에 오히려 후세에는 많은 비판을 받게 되기도 한다. 이론은 언젠가는 틀리게 마련이다.

그로스테스트의 무지개 이론은 몇 가지 치명적인 단점을 가지고 있었다. 둥근 구름의 표면에서 빛이 반사되거나 굴절되는 것은 충분히 상상할 수 있는 일이었지만, 그가 그린 광선의 경로는 과학적으로 고려한 것이 아니라서 불완전하기도 했고, 굴절을 제외하면 그의 이론은 전반적으로 아리스토텔레스의 것과 유사했다.

그리고 구름 2개가 각각의 역할을 해서 하나의 무지개를 만든다는 것은 지나치게 인위적이었다. 무지개의 여러 색깔을 나타내는 데 또 다른 구름이 필요하다든가, 구름의 밀도 차이가 굴절을 일으킨다는 막연한 주장은 쉽게 받아들이기 어려웠다. 특히 불규칙한 모양의 구름이 매끄러운 렌즈나 거울처럼 빛을 굴절, 반사하리라는 그의 가설은 당시에도 미덥지 않았던 듯하다. 그리고 이러한 의문에 대해 그로스테스트는 속 시원한 대답을 하지도 못했다.

그의 이론은 치명적인 단점을 여럿 가지고 있었다.

그로스테스트의 제자인 로저 베이컨(Roger Bacon)은 무지개 연구를 한 단계 더 진보시켰다. 신중한 관찰과 엄밀한 수학을 중시한 그는 스승인 그로스테스트의 연구는 광선을 제대로 그리지 못했다고 비판했다. 그는 광선을 다시 작도해 무지개 연구 역사상 처음으로 관찰자의 눈로 들어오는 빛과 태양에서 나오는 빛이 이루는 각도가 42도임을 밝혀냈다.[28] 또한 무지개가 뭉게구름에서 생기는 게 아니라 수많은 물방울 안쪽의 오목한 면에서 반사되어 만들어진다고 보았다. 물방울에 의한 무지개 생성 과정을 처음으로 밝혀낸 것이다.

그리고 베이컨에게는 무지개의 근본 원리를 깨우쳐 줄 결정적인 힌트가 주어진다. 어느 날 천문 장비를 옮기다 우연히 하늘을 올려다 본 그는 무지개가 자신을 계속 따라오는 것을 관찰한다. '용감한 소년'의 후손이었던 그는 이 상황을 외면하거나 무시하지 않고 탐구하기 시작한다. 그리고 결론을 내린다.

"관찰자 2명이 같은 무지개를 보는 것은 불가능하다."

무지개의 중요한 원리 중 하나, 즉 무지개는 물방울이라는 개별 거울에 반사된 것이라는 게 밝혀질 수 있는 순간이었다. 하지만 불행히도 그는 이 현상에 대해 더 깊게 연구하지 못했다. 하지만 처음으로 "무지개는 태양의 왜곡된 이미지다."[29]라고 말하는 등 무지개의 본질에 꽤 근접한 연구자이기도 하다.

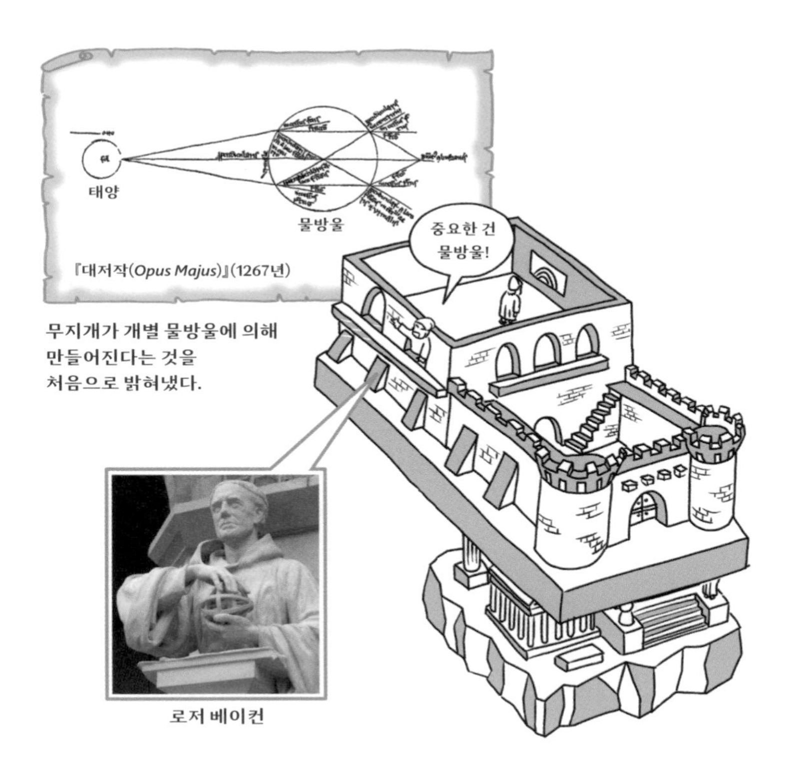

로저 베이컨은 처음으로 물방울이 무지개를 만든다고 생각했다.

비텔로(Vitello)[30]는 폴란드에서 태어나 이탈리아에서 활동한 수도사이자 과학자로 이븐 알하이삼(Ibn al-Haytham)[31]이라는 아라비아 학자의 광학에 기반을 두고 빛에 관해 연구했다. 이븐 알하이삼은 당시 유럽 학자들보다 광학 연구에서 한발 앞서 있었다. 그로스테스트와 베이컨은 이븐 알하이삼의 책을 보고 자신의 무지개 이론을 발전시킨 것으로 보인다.

비텔로는 빛의 굴절을 실험적으로 확인했으며 그것을 바탕으로 물방울에서 일어나는 반사와 굴절에서 무지개가 만들어진다고 생각하게 되었다. 다만 현대적인 관점에는 도달하지 못했다. 그는 빛이 물방울의 볼록한 면에서 반사되고, 나머지 광선은 방울 안으로 굴절되어 들어갔다가, 또 다른 빗방울의 외부 표면에서 반사된다고 잘못 유추했다.

비텔로는 이븐 알하이삼의 책을 라틴 어로 번역해 펴냈는데 이 책은 무지개가 들어간 흥미로운 표지로 유명하다.

비텔로가 번역한 알하이삼의 광학 책 표지.
오른쪽 위에는 태양에서 비친 빛이 건물의 거울에서 반사되어 배를 불태우고,
아래에는 벌거벗은 사람의 물속 발이 커 보이며
옆에는 모자를 쓴 사람이 거울에 비친 자신의 모습을 보고 있으며,
왼쪽 위에는 무지개가 떠 있다.

13장
실험으로 밝히는 무지개

이전까지 고만고만한 설명을 늘어놓았던 과학자들과는 달리 무지개 연구의 역사에서 큰 전환점을 만든 과학자를 소개할 때가 되었다. 14세기 독일 과학자인 프라이부르크의 테오도리크(Theodoric of Freiberg)이다. 그는 이 책에 나오는 다른 과학자보다 무지개 연구에 공을 들인 시간 비율이 월등히 높다. 그의 대표적인 연구가 무지개다.

무엇보다 그는 구형 플라스크를 물로 채워 빗방울이라고 간주하고 무지개를 실험적으로 재현해 냈다. 또 이 실험 결과를 바탕으로 역사상 처음으로 무지개를 만드는 광선을 제대로 그려 냈다. 그의 다이어그램은 지금도 우리가 교과서에서 볼 수 있을 정도로 현대적이다. 무지개가 두 번의 굴절과 한 번의 반사를 통해 만들어지며 2차 무지개의 색과 위치도 비교적 정확하게 계산했다. 그는 무지개의 학문적 중요성에 대해서도 강조했다. "무지개가 무엇인지 밝히는 것은 광학의 전부다."

무지개가 중요하다고 본 테오도리크는 선견지명이 있었다. 덕분에 비로소 오목한 구름에서 반사된 빛이 무지개를 만든다는 1,000년이 넘은 낡은 이론이 퇴장하고 개별 물방울에서 반사, 굴절된 빛을 통해 무지개가 만들어진다는 현대적 이론이 역사 전면에 등장하게 된다. 그리고 알렉산드로스의 어두운 띠의 비밀도 드디어 일부 풀리게 된다.

처음으로 굴절과 반사를 적용한 테오도리크의 광선 작도.
아리스토텔레스의 반구형 모형을 기반으로 했다.

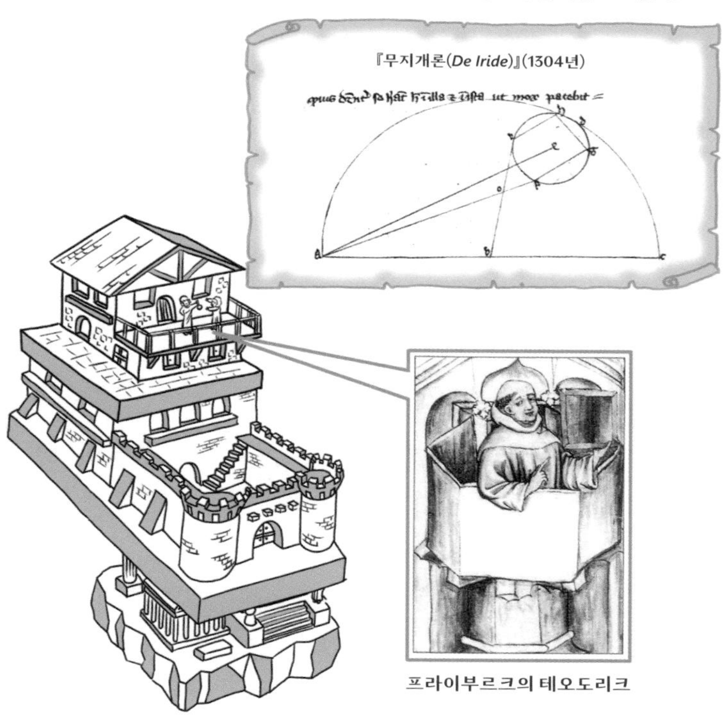

프라이부르크의 테오도리크

테오도리크는 실험으로 무지개의 원리를 밝혀낸다.

테오도리크는 프리즘에서 만들어지는 무지갯빛과 무지개의 무지갯빛이 다르다고 생각하던 아리스토텔레스와 달리 물방울이 프리즘 역할을 한다고 주장했으며, 광선을 작도하지 못했던 그로스테스트와 달리 정확한 광선을 그려 내 1, 2차 무지개의 위치와 밝기, 생성 과정을 정확하게 설명했다.

과학사 학자들은 과학적 실험을 통해 과학의 연구 방법에 획기적인 변화를 준 테오도리크를 "중세 시대의 가장 위대한 과학적 승리 중 하나"라고 치켜세운다.[32] 그의 연구가 무지개 연구사의 획을 긋는 커다란 업적임은 틀림없다.

역사적인 평가와 별개로 그의 이론에도 몇 가지 오류가 있었다. 태양의 위치를 커다란 반구의 끝으로 표현해 고도가 높아짐으로써 달라지는 무지개의 크기를 정확하게 표현하지 못했다. 이런 모양은 놀랍게도 2,000년 전 아리스토텔레스의 이론과 유사하다. 그조차 아리스토텔레스의 그늘에서 완전히 벗어나지 못했음을 보여 준다.

또한 물방울에서 관찰자까지 빛이 평행하다고 가정했는데 이것은 그가 우리 눈에 들어오는 무지갯빛의 순서를 정확하게 작도하는 데 실패했음을 알려 준다. 태양에서 물방울까지의 광선에 대해서는 작도를 했지만 물방울에서 눈까지의 광선에 대해서는 제대로 설명하지 못한 것이다. 그는 일부 광선을 물방울의 중간에서 반사하는 것으로 표현했는데 이것 역시 별다른 이론적 근거 없이 그려져 있어 빛이 굴절되는 원리를 자세하게 설명하지 못한 한계를 보여 준다.

그렇지만 테오도리크는 지나칠 정도로 덜 알려진 과학자다. 일부 연구자들은 "인쇄술의 발달 이전, 잘못된 색상 이론, 이후 등장한 데카르트와 뉴턴에 가려진" 것 등을 이유로 들었다.[33]

테오도리크의 무지개 광선 작도는 불분명하고 오류가 있었다.

보통 이런 혁신적인 발견 이후 과학은 급속한 발전을 이루기 마련이다. 이후 연구자들에게 또 다른 영감을 주어 관련 연구가 급물살을 타는 경우가 많기 때문이다. 하지만 테오도리크 이후 연구자들은 달랐다. 테오도리크의 연구는 인쇄술의 발달 이전에 이루어졌으므로 이것이 후세 과학자들에게 책이나 논문으로 제대로 전달되는 것에는 한계가 있었다. 또 중세의 시대적인 분위기도 한몫했다. 무지개 연구는 한동안 다시 헛수고의 미궁에 빠진다. 그 최전선에 윌리엄 길버트(William Gilbert)가 있었다.

길버트는 16세기 영국의 저명한 물리학자이다. 그는 특히 자기 연구로 유명하다. 지구가 커다란 자석과 같다는 것을 처음으로 밝혔다. 자타공인 자기 연구의 슈퍼스타인 셈이다. 반면 그의 무지개 연구는 빈약하고 독창성이 없으며 심지어 억지스러운 구석도 많다.

그는 빛이 어두운 구름이나 축축한 산이 만들어 낸 증기를 통과하며 무지개가 만들어진다고 설명했다. 또 무지개는 태양의 상이며 관찰자 주위에 구름, 산, 절벽 등이 없으면 무지개가 생기지 않는다고도 말했다. 아리스토텔레스의 이론과 비슷하면서도 논리가 없던 길버트의 설명은 다행히 그의 명예를 떨어뜨리진 않았지만 사후 그의 업적에서 무지개 연구는 철저히 외면당하게 된다.

16세기 길버트의 무지개 연구는 14세기 테오도리크 이후 무지개 연구의 암흑기 중 절정을 보여 준다. 다행히 17세기에 와서는 조금 나아지는 기미가 보인다. 17세기는 종종 천재의 세기로 불리는데 이즈음에 많은 과학자가 등장하기 때문이다. 그들은 온도계, 망원경, 현미경,

진자 시계 등을 발명하며 과학의 발전에 이바지한다. 다만 무지개 연구에는 큰 기여를 하지 못한다. 이제 무지개 연구는 수학 없이는 할 수 없는 단계에 이르렀기 때문이다.

먼저 요하네스 케플러가 등장한다. 그는 천문학에 수학 원리를 처음 적용한 물리학자다. 그가 발견한 천체 운동의 3법칙은 그의 수학적 천재성을 잘 보여 준다. 그의 수학적 천재성은 무지개 연구에서도 일부 발휘되었다. 그는 구형 물방울 안에서 빛이 나아가는 방향을 기하학적으로 해결하였다. 이제까지는 무지개를 만드는 광선만을 작도했다면 케플러는 물방울로 들어간 빛 중 일부가 새어 나가고 나머지가 반사되어 나오는 과정을 설명하였으며 무지개를 만드는 주요 광선에 대한 아이디어를 발견한다. 하지만 거기까지였다. 그는 물방울 밖으로 나온 광선이 어떻게 관찰자에게 도달해 무지개를 만들어 내는지 정확한 빛의 진행 과정을 밝혀내지 못했다.

무지개 연구의 역사에서 아쉬운 것 중 하나는 갈릴레오 갈릴레이(Galileo Galilei)가 무지개에 관심이 없었다는 것이다. 고작 무지개의 높이에 대한 관찰 기록을 몇 건 남겼을 뿐이다. 그의 기록에 따르면 태양이 떠오르면 무지개의 크기가 줄어들고 무지개가 태양이 움직이는 방향과 같은 방향으로 움직인다고 했다.

사실 그는 케플러보다 더 준비된 과학자였다. 호기심도 강했을 뿐 아니라 새로운 아이디어를 끈기 있게 추진하는 힘도 갖고 있었다. 수학 실력도 케플러만큼 출중했다. 무엇보다 그는 당시로서는 드물게 자연 현상을 수학으로 기술하거나 설명할 수 있음을 확신했다. 그는 천문학과 역학에 주로 관심을 보였지만 빛의 속도를 측정하거나 빛의 성질을 연구하는 일도 부지런히 했기에 그의 호기심이 무지개로 향하지 않은 것은 이상할 정도다.[34]

다행히도 무지개는 갈릴레오가 아니더라도 슈퍼스타급 과학자를 끌어들일 만한 매력이 넘쳤고 결국 역사상 최고의 천재 중 한 사람을 매료하는 데 성공하게 된다. 이제 그가 온다.

르네 데카르트.

케플러와 갈릴레오는 아쉽게도 무지개 연구에 크게 기여하지 못했다.

14장
무지개 연구의 황금 시대

데카르트는 17세기 프랑스의 철학자 겸 수학자로 여러 분야에 호기심이 많았다. 우리에게 익숙한 직교 좌표계(xy 좌표계)를 고안하여 수학과 물리 시험지가 그래프로 넘쳐나도록 한 장본인이기도 하며, "나는 생각한다, 고로 존재한다."라는 명언을 남기기도 했다.

수학의 정확성에 매력을 느꼈던 데카르트는 자연의 수학적 원리를 끈질기게 연구했다. 마침내 17세기 초에 그는 물리학에 대한 방대한 논문을 발표할 준비를 하고 있었다. 그러던 차에 천문학을 연구하던 갈릴레오가 교회로부터 처벌받아 책이 불태워지는 것에 충격을 받는다. 이를 계기로 그는 과학을 버리고 철학 연구로 돌아서게 된다. 그리고는 비난이 두려워 물리학 논문 출판을 보류하게 된다. 이후 저자의 이름을 노출하지 않고 책을 출간하게 되는데 이 책의 부록에 무지개에 관한 그의 이론이 담겨 있었다. 이 책이 처음 출판되었을 때는 삽화와 해설 등이 부족해 사람들이 그의 이론을 받아들이기가 힘들었다. 다행히 몇 년 후 자신의 이름을 제대로 넣고 삽화를 추가해 해설을 손질한 책이 출간되어 그의 무지개 이론이 널리 알려지게 된다.

데카르트는 처음으로 무지개 연구에 제대로 된 굴절의 개념을 적용했다. 그의 무지개 연구는 케플러의 기하 광학 개념과 굴절 법칙을 발견한 네덜란드 물리학자 빌러브로어트 스넬리우스(Willebrord

Snellius, 영어식 이름 스넬)의 연구를 참고한 것으로 보이지만 이들의 연구를 과소 평가하며 표절을 끝까지 인정하지 않았다. 이곳저곳에서 건방지다는 비난을 받았지만 그는 이에 아랑곳하지 않고 케플러보다 더 끈질기고 스넬리우스보다 더 세련된 방법으로 결국 기하 광학의 범위에서 무지개를 완벽하게 설명해 냈다.

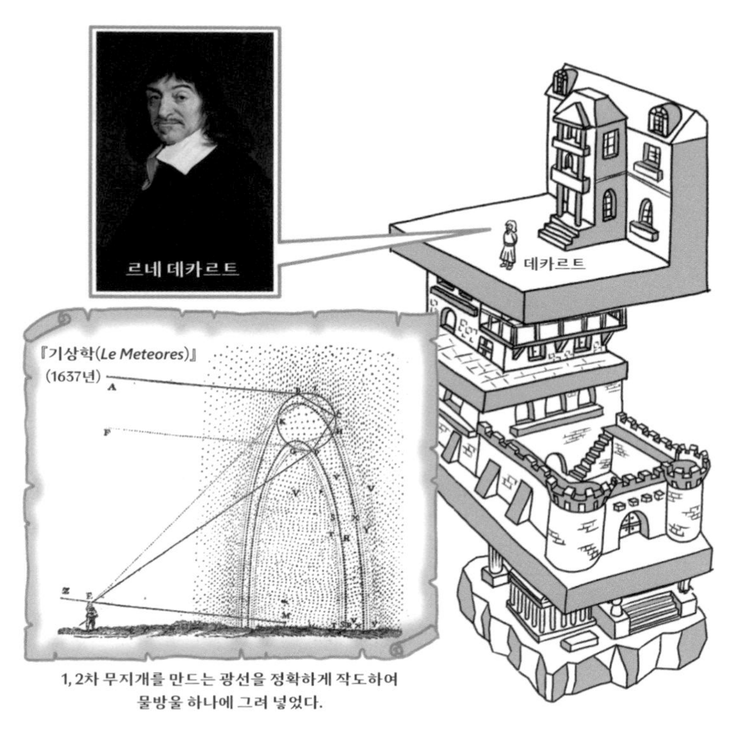

데카르트는 자와 각도기로 무지개 원리를 밝혀냈다.

그는 무지개에서 반사의 중요성을 강조했다. 특히 빛이 물방울 내부에서 반사되어 나오는 과정을 제대로 계산했다. 그는 끈질긴 작도와 수학적 계산을 통해 1, 2차 무지개의 각도가 41도 30초, 51도 54초임을 측정했다. 그리고 알렉산더의 어두운 띠의 비밀도 드디어 완전히 풀리게 된다. 또한 물방울로 들어가는 1만 개 이상의 광선을 일일이 분석하여 물방울에서 반사되어 나오는 빛이 모이는 주요 광선을 발견했는데, 이는 데카르트 무지개 이론의 최대 발견이라고 볼 수 있다.[35]

과학사 학자들은 데카르트의 기하학적 무지개 연구를 "정확한 관찰, 실험적 검증, 광학 이론의 수학적 기술이 완벽히 조화를 이룬 과학적 방법의 승리"라고 평했다.[36]

데카르트의 이론은 그 완성도가 높았음에도 즉각적으로 받아들여지지는 않았다. 그로스테스트와 테오도리크 등의 앞선 연구에도 불구하고 아직도 학자들은 아리스토텔레스의 연구가 가진 철학적 의미를 중요하게 여겼고 당시 종교와 완전히 분리되지 못한 학계의 분위기는 이런 혁신을 미덥지 않게 여겼다.

이 시대 과학의 역사에서는 이러한 일들이 빈번하게 일어났다. 무지개 연구에서는 조금 더 복합적인 원인이 있었다. 오롯이 수학으로 똘똘 뭉친 데카르트의 이론은 종교와 철학이 버무려진 '문과'스러운 과학과 어울릴 수 없었다. 하지만 그것이 전부는 아니었다. 고지식한 데카르트는 자신의 이론에 반대하는 사람들에게 반복적인 설명을 하지 않았으며, 사람들은 이때도 수학을 싫어하여 숫자만 나오는 이론에 거부감이 컸다. 또한 학계의 관심도 적었을 뿐 아니라 후임자를 육성하지도 않아 지속적인 연구와 든든한 배후도 없었다. 이러한 데카르트의 이야기는 과학의 발전이 위대한 발견만으로 이루어지는 것이 아님을 알려 준다.[37]

이렇게 데카르트의 이론은 아리스토텔레스의 무지개 이론을 갑자기 뒤집지 못했다. 게다가 갈릴레오 재판에서 받은 충격으로 그는 이후 과학 연구를 접고 철학 연구에 더욱 매달리게 된다. 17세기 후반 그가 죽고 합리주의 철학이 세상 사람들의 상식에 스며들 때쯤 수학 공부를 열심히 한 학계는 그의 무지개 이론에 만족하게 되었고 데카르트 이론은 아리스토텔레스의 거의 모든 것을 대체하기 시작했다.

다만 무지개의 색에 대한 설명은 입자의 회전이라는 다소 뜬금없는 방법을 도입하여 당시에도 주목받지 못했다. 자연스럽게 무지개색의 비밀은 슈퍼스타 뉴턴의 몫으로 남겨 두게 된다.

데카르트는 갈릴레오가 공격받는 것을 보고 과학 연구를 접는다.

드디어 인류의 과학 역사상 최고의 해결사가 등장한다. 아이작 뉴턴!

현대 과학의 태동에 결정적 역할을 한 이 슈퍼스타는 무지개 연구에도 몰두했다. 1665년 흑사병을 피해 외가에 가 있던 그는 나무에서 떨어지는 사과만 본 게 아니라 헛간에서 빛에 관한 실험도 한 것이다. 그는 실험 결과와 이론을 정리하여 『광학(*Opticks*)』이라는 한 권의 책을 출간했고 이는 운동 법칙과 중력 이론을 담은 『프린키피아(*Principia*)』와 함께 현대 과학 발전의 원동력이 되었다.[38]

무지개에 대한 뉴턴의 이론과 실험을 담은 『광학』은 출간되자마자 영국 전역에 순식간에 퍼져 나갔으며 라틴 어로 씌어진 전작 『프린키피아』와는 달리 영어로 간행되어 더 많은 독자가 이 책을 읽었다. 이 시대는 텔레비전과 인터넷이 없었기에 과학적인 발명과 발견조차 대중의 관심을 모았다.[39]

뉴턴의 무지개 연구는 데카르트 광학의 패러다임을 크게 바꿔 놓을 대발견이었으며 데카르트가 풀지 못한 무지개의 광학적 원리와 색의 비밀을 정확하게 해결했다.

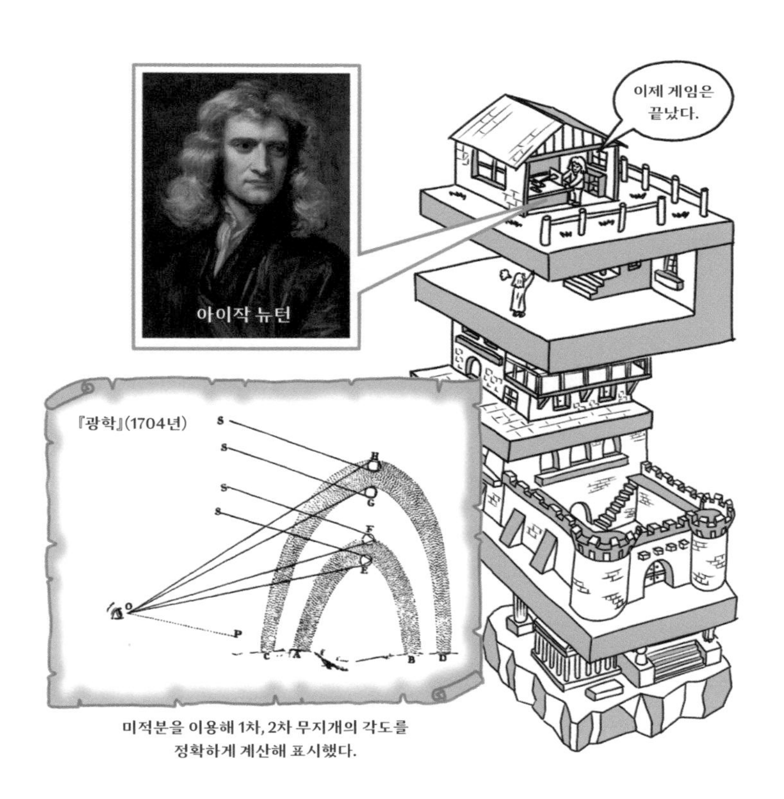

미적분을 이용해 1차, 2차 무지개의 각도를
정확하게 계산해 표시했다.

뉴턴은 헛간에서 무지개의 거의 모든 것을 밝혀낸다.

뉴턴은 동네 아침 시장에서 산 프리즘으로 역사적인 광학 실험을 수행했다. 그 두 가지 실험을 그대로 옮겨 적으면 아래와 같다.

실험 ① 헛간의 틈으로 들어온 가느다란 빛을 프리즘 1에 통과시키고 그중 한 가지 색만 구멍으로 통과되도록 한 후 다시 프리즘 2를 통과시킨 것이다. 실험 결과 프리즘 1에서 분산된 색은 프리즘 2에 의해 더 이상 분리되지 않았다는 것을 알 수 있었다.

실험 ② 프리즘 1에 의해 분산된 빛을 볼록 렌즈를 사용하여 집광하면 다시 원래의 백색광으로 돌아오며 이를 다시 제3의 프리즘에 통과시키면 또 스펙트럼이 나타났다. 프리즘 1과 프리즘 3에서 분산된 색이 차이가 없다는 것을 알 수 있었다.

이후 뉴턴은 종이, 재, 납, 구리, 금, 파란색 꽃, 공작새의 깃털 등에 프리즘으로 분산된 빛을 비춰 보며 빛과 색의 본질에 관해 탐구했다. 이 실험으로 뉴턴은 '백색광은 순수하며, 색은 사물이 가진 고유한 성질'이라는, 빛에 대한 아리스토텔레스의 전통적인 관념을 깨트렸으며 '색은 조명에 의존한다.'라는, 빛에 대한 현대적인 개념을 얻게 된다. 또한 프리즘에서 빛이 휘어지는 것을 색에 따른 속도 차이로 해석해서 굴절의 원리를 밝혀냈다. 무엇보다 별다른 계산 없이 무지갯빛의 형성에 관한 오래된 질문을 해결했다는 점에서 큰 의미를 가진다.[40]

그는 1, 2차 무지개의 정확한 각도를 계산했으며, 데카르트가 1만 개의 무지개 광선을 하나하나 노동 집약적으로 계산한 것을 자신이 개발한 미적분을 이용해 세련되고 간단하게 추적했다.

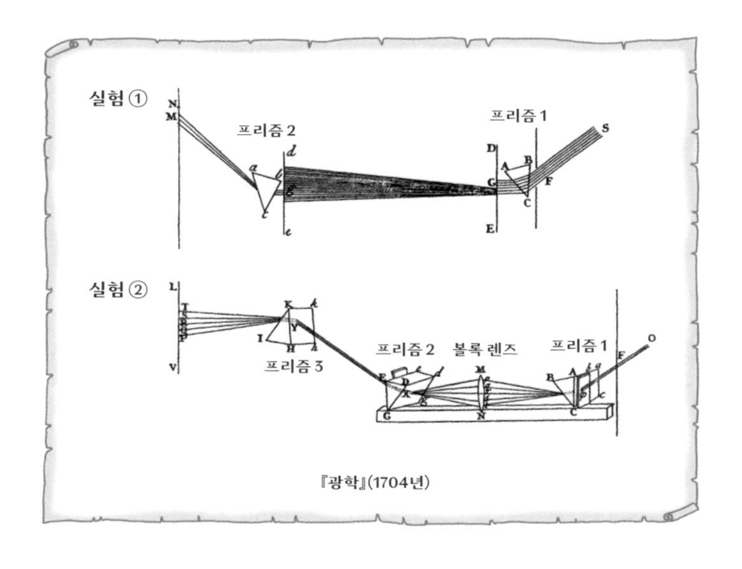

『광학』(1704년)

뉴턴은 햇빛이 여러 색이 합쳐진 백색광이며
사물의 색이 빛에 의해 달라짐을 밝혀냈다.

뉴턴 이전까지 무지갯빛에 대한 논란은 있었지만 대개 6색으로 수렴되는 듯했다. 오히려 『광학』의 초기 원고에서는 5색으로 집필되어 있다. 이후 뉴턴은 『광학』의 개정 증보판(1728년) 끝부분에서 스펙트럼의 색을 음계 이론과 묶은 '스펙트럼의 음계 나눔'이라는 개념을 소개하면서 오렌지색과 인디고색(남색)을 포함했다.[41]

많은 역사학자는 그가 이론과 관측을 일치시키기 어려운 상태에서 소리와 빛이라는 다른 물리 현상이 같은 근원일 것이라는 상상으로 7색과 7음계를 연상하게 되었다는 의견을 냈고 이것이 현재까지 정설로 받아들여지고 있다. 당시 뉴턴은 교회 역사 연구와 연금술 연구를 하고 신비주의에 심취해 있던 시절이라 그의 과학적 신념과 별개로 억지로 삽입된 것으로 보인다는 것이다.

일부 학자들은 고대 바빌로니아와 인도의 계단식 탑 지구라트가 7단으로 되어 있다거나, 당시 알려져 있던 7개의 행성, 연금술에서 다루는 7개의 금속과도 일맥상통한다는 말이 있다. 무엇보다 현대 과학의 대발견에 신비주의의 향기가 묻어난다는 것은 "마지막 마법사" 뉴턴의 또 다른 상당한 매력이다.[42]

뉴턴의 무지개 이론도 곧바로 받아들여지지 않았다. 새로운 뉴턴의 이론은 거의 완벽했지만 모두가 찬사를 보낸 것은 아니다. 아직도 아리스토텔레스의 철학을 끈질기게 믿는 사람이 많았기 때문이다. 죽은 지 2,000년이 지났지만 아리스토텔레스의 철학은 학자들의 머릿속에서 살아남았던 것이다. 그들은 뉴턴의 이론을 그럴듯한 색 이론 중 하나일 뿐이라고 애써 치부해 버렸다.

뉴턴의 광학 실험.

당시 철학자들과 과학자들이 뉴턴의 이론들을 받아들이기 어려운 이유가 하나 더 있었다. 뉴턴의 무지개 이론을 이해하기 위해서는 당시로는 최신 수학인 미적분을 알아야 했기 때문이다. 지금도 많은 '수포자'들이 미적분을 풀지 못해 직업 선택에 엄청난 제한을 받는데 300년 전 중세 사람들에게 미적분은 쉽게 범접하지 못할 공부임에 틀림이 없었으리라. 이 시기에 벌써 무지개 이론은 진보된 수학에 익숙하지 않은 사람이 따라올 수 없는 시점에 이르렀던 것이다.

뉴턴의 무지개 이론은 다양한 사람들이 이해하기는 힘든 첨단 과학이었다. 문학가들은 미적분을 배우지 못했는지 뉴턴의 이론에 흠집을 내기도 했다. 영국의 낭만주의 시인 존 키츠(John Keats)는 "뉴턴이 무지개의 모든 시를 프리즘 색상으로 줄임으로써 파괴했다."라고 말했다. 심지어 시인이자 화가인 윌리엄 블레이크(William Blake)는 어정쩡한 자세로 세상을 수학으로만 재단하려고 하다가 숨이 막힌 듯 얼굴이 붉어진 뉴턴을 그려 내걸기도 했다. 반면 수학을 이해한 것으로 생각되는 한 시인은 "뉴턴은 데카르트가 제거한 빛의 아름다움을 시에 돌려주었다."라고 말하기도 했다.[43]

뉴턴은 수많은 추종자와 비판자를 만들어 냈다.

"만약 내가 더 멀리 볼 수 있다면 그것은 거인들의 어깨 위에 올라타고 있기 때문입니다."

뉴턴은 그의 위대한 업적과 괴팍한 성격에도 한편으로는 겸손함을 가진 인물로 묘사된다. 그의 이 말 때문이다. 많은 사람이 사과가 떨어지는 것으로 갑자기 중력을, 헛간에서 프리즘 실험으로 순간 빛의 정체를 알아차린 것으로 생각하지만 과학의 역사에서 아무 도움 없이 새로운 이론을 발견하는 경우는 아주 드물다.

뉴턴은 자신의 일기장에 자신의 광학 연구는 고대의 철학적 의문에서 출발했다고 썼다. 그러니 그는 아리스토텔레스의 도움을 받았다고 볼 수 있다. 그의 무지개 연구 대부분은 데카르트와 유사하며, 프리즘 실험의 설계는 괴테의 실험에서 아이디어를 얻었다.

이처럼 무지개 연구의 3대 저서인 뉴턴의 『광학』, 데카르트의 『방법서설(*Discours de la Methode*)』, 테오도리크의 『무지개론(*De Iride*)』은 전 시대 연구자의 연구를 기초로 자신의 연구를 덧붙여 완성되었다. 물론 아리스토텔레스는 이 모든 인물을 지탱하는 듬직한 기둥이었다.

뉴턴의 이론은 혼자 이룬 것이 아니었다.

뉴턴 이후 무지개는 더 이상 밝혀질 것이 없었다. 모두 뉴턴이 해결했기 때문이다. 그런데 뉴턴 자신도 모르게 무지개의 또 다른 새로운 문제를 발견하고 있었다.

'뉴턴의 고리(Newton ring)'라는 현상은 평면 유리 위에 볼록 렌즈를 올려놓았을 때 주변에 동심원 모양으로 반복된 무지개 패턴이 생기는 것을 말한다. 당시 뉴턴은 이 현상이 가진 의미에 대해 알지 못했다. 이것은 무지개에 대한 이해를 다시 한번 혁명적으로 바꿀 수 있는 본질적인 열쇠였다. 100년 후 뉴턴의 고리 연구는 새로운 무지개 이론으로 이어졌다.

다시 뉴턴의 어깨 위로 뉴턴 고리를 해결한 토머스 영이 뛰어들었다. 그리고 그 뒤로도 수많은 무지개 연구자들이 대기하고 있었다. 그들의 무지개는 뉴턴이 짐작조차 하지 못했던 것들이었다.

끝난 것이 아니었다.

그리고 뉴턴으로 끝나지도 않았다.

15장
완전히 새로운 무지개

당혹스러운 무지개가 등장했다.

뉴턴 이후 거의 100년 동안 많은 사람이 이제 무지개에 '마지막 단어가 씌어졌다.'라고 생각했다. 그런데 뉴턴의 이론으로는 설명하지 못하는 과잉 무지개가 등장한 것이다. 이미 이 과잉 무지개에 대해서는 비텔로와 테오도리크가 언급한 적이 있었지만 자세하게 연구되지 않았다. 초기 이론가들은 과잉 무지개의 원인으로 다중 반사, 물방울의 회전과 진동, 심지어 착시라는 논문을 내기도 했다. 그리고는 서로 비열한 논문이라며 비방하기 바빴다.

이때 영국의 물리학자 토머스 영이 등장한다.[44] 그는 빛과 빛이 더해지면 밝아지기도 하지만 어두워지기도 한다는 뚱딴지같은 이론을 들고나왔다. 당시에는 생소했던, 빛의 파동성을 인식한 것이다. 그는 소리의 생성을 연구하던 중 빛도 파동이라면 소리와 비슷한 성질을 가질 것으로 생각했다.

영은 두 빛이 합쳐질 때 파도와 같이 출렁이며 간섭 현상이 일어난다고 생각했다. 그리고 그 유명한 '이중 슬릿 실험'을 통해 이를 증명해냈다. 빛의 파동성을 증명한 이 실험은 세상을 바꾼 위대한 과학 실험 중 하나로 손꼽히는 물리학 역사상 매우 의미가 큰 실험이다.

토머스 영은 빛의 파동성을 이용해 무지개를 설명했다.

토머스 영은 당시까지 밝혀내지 못했던 뉴턴 고리의 원리를 빛의 파동성으로 설명해 냈으며, 과잉 무지개도 빛의 간섭 때문에 생기는 것임을 알아냈다. 빛이 물방울에 들어가서 반사되어 나올 때 경로가 비슷한 두 빛이 서로 간섭을 일으켜 연속된 무지개 패턴이 나타난다는 것이다.

그는 물방울이 균일하고 작을 때 과잉 무지개가 잘 보이며, 물방울이 떨어지면서 그 크기가 커지게 되면 과잉 무지개가 사라지고 무지개가 밝아지는 현상이 있다는 것을 빛의 파동성으로 설명했다. 이렇게 과잉 무지개가 완벽하게 설명되면서 무지개 연구는 반사와 굴절을 넘어서 새로운 국면으로 접어들게 된다.

이러한 발견에도 과학자들 모두가 환호한 것은 아니었다. 뉴턴의 이론은 너무나도 완벽하여 많은 과학자가 더 이상 바뀌지 않을 진리라고 생각했다. 이른바 뉴턴의 팬덤이 나타난 것이다. 그런데 어디서 듣도 보도 못한 녀석이 나타나서 빛은 파동이니 뉴턴이 틀렸다고 논문을 발표했으니 뉴턴의 팬들이 가만히 있을 리 없었다. 그들은 뉴턴의 과학을 헷갈리게 만들고 감히 뉴턴의 권위에 도전한다며 영을 공격했다. 그때마다 그는 자신의 이론은 "뉴턴 이론의 연속이며 뉴턴이 보지 못한 부분을 밝혀냈다."라고 변명 아닌 변명을 해야 했다. 견고했던 아리스토텔레스라는 우상이 무너지자마자 이제는 뉴턴이 새로이 도전하는 과학자들을 가로막는 높은 장벽이 된 셈이다.

토머스 영의 이론이 당대에 제대로 받아들여지지 않은 것은 한 과학자의 노력만으로는 과학사의 한 시대를 넘어서는 게 얼마나 힘든

지를 잘 보여 준다. 그가 사망한 후 오귀스탱 장 프레넬(Augustin Jean Fresnel)이 다시 빛의 파동 이론을 주장하기 전까지 그의 이론은 주목받지 못했다.

영은 빛이 입자라고 했던 뉴턴이라는 거대한 산에 맞서야 했다.

방해석을 통해 무지개를 보면 일부 각도에서 무지개가 사라지는 현상은 이미 오래전부터 관찰되고 있었다. 방해석은 투명한 광물로 '복굴절'이라는 특별한 성질을 가지고 있다. 빛이 방해석으로 들어가면 진동 방향(편광 방향)에 따라 둘로 분리되어 굴절되는 것이다. 그래서 방해석으로 글자를 보면 두 줄로 보인다. 위는 가로로 진동한 빛이라면 아래는 세로로 진동한 빛이다.

프랑스의 물리학자 에티엔루이 말루스(Étienne-Louis Malus)는 방해석으로 무지개를 볼 때 무지개가 두 줄로 보이지 않고 사라지는 것은 무지개가 한쪽으로 편광되었기 때문이라는 것을 알아냈다.

무지개에서 나오는 빛은 어디서 어떻게 편광된 것일까? 영국의 물리학자 데이비드 브루스터(David Brewster)는 일반적으로 빛이 반사될 때 편광이 일어남을 수학적으로 설명했다. 그는 무지개에서 나오는 빛도 반사 과정에서 편광되었으리라고 생각했다. 물방울 안쪽에서 반사될 때 편광이 된다는 것이다. 브루스터의 이론은 무지개의 이론에서 반사의 역할을 일깨우면서 과거 데카르트의 이론을 재조명하게 된다.

장바티스트 비오(Jean-Baptiste Biot)[45]는 무지개의 편광을 좀 더 주의 깊게 관찰했는데 무지개의 아치 방향으로 빛이 완전히 편광된다는 사실을 발견한다. 따라서 우리가 무지개가 떴을 때 편광 필름을 돌려보면 아치의 방향과 편광 축의 방향이 수직일 때 무지개가 사라지는 현상이 발생한다. 태양 빛은 모든 방향으로 진동하면서 도달하는데 무지개에서 반사될 때는 아치 방향 진동만 살아남아서 그 방향과 수직인 편광 필름으로 보면 빛이 통과하지 못해 무지개가 사라지는 것이다.

비오는 그 빛의 세기가 사인 제곱에 비례함을 발견했다. 이는 말루스가 편광된 빛의 세기를 공식화한 '말루스 법칙'[46]과 유사하다. 말루스와 브루스터, 비오의 이론은 빛이 편광의 성질을 가진다는 것으로 영의 견해와 맥을 같이한다.

무지개가 편광되었다는 것은 빛이 파동이라는 증거가 된다.

오귀스탱 장 프레넬과 제임스 클러크 맥스웰(James Clark Maxwell)은 무지개를 직접적으로 연구하지 않았지만 그들이 빛과 관련해서 이룬 업적은 무지개 연구에 적잖이 기여하게 된다. 영국의 물리학자인 맥스웰은 빛이 전자기파의 한 종류임을 밝혀내 무지개를 수학적으로 연구하는 것을 도왔으며, 프랑스의 물리학자인 프레넬은 반사와 간섭의 원리를 연구해서 빛이 횡파임을 알아냈다. 이것은 결국 빛이 파동이라는 가설을 완벽하게 증명한 것으로 과거 토머스 영의 이론을 뒷받침한다. 이로써 영은 사후 무지개 과학의 무대에 다시 화려하게 복귀하게 된다.

이후 물리학계는 혼돈의 시기를 거친다. 빛이 입자처럼 행동하기도 하고, 파동처럼 돌아다니기도 하기 때문이다. 그리고 다시 한번 해결사가 등장한다. 이번에 등장하는 그는 뉴턴만큼이나 무지개 연구의 패러다임을 현대적으로 바꾼 인물이다.

오귀스탱 장 프레넬

제임스 클러크 맥스웰

프레넬과 맥스웰은 빛을 이해하는 중요한 수학을 제공했다.

영국의 지구 물리학자이면서 천문학자인 조지 비델 에어리(George Biddell Airy)는 무지개 연구의 획기적인 전환점을 마련했다. 그는 런던의 랜드마크라고 할 수 있는 커다란 시계 '빅벤'을 설계한 사람이기도 하고, 처음으로 지각이 맨틀 위에 떠 있다는 지각 평형설을 주장한 사람이기도 하다. 그의 가장 유명한 업적이 바로 무지개와 연관되어 있다. 바로 '에어리 패턴(Airy pattern)'이다.

그의 이름을 딴 이 패턴은 빛이 작은 구멍을 통과할 때 만들어지는 반복된 동심원의 회절 무늬로 에어리는 이를 수학 함수로 구현한다. 그런데 이것이 과잉 무지개의 위치와 패턴을 완벽하게 설명하고 있었다. 이것을 '에어리 함수(Airy function)'라고 했는데 무지개 연구자들과 일부 호기심 많은 수학자가 이것을 '무지개 함수(rainbow function)'라고 바꿔 부르기도 한다.

$$\mathrm{Ai}(x) = \frac{1}{\pi}\int_0^\infty \cos\left(t^3/3 + xt\right)dt$$

$$\mathrm{Bi}(x) = \frac{1}{\pi}\int_0^\infty \left[\exp\left(-\frac{1}{3}t^3 + xt\right) + \sin\left(\frac{1}{3}t^3 + xt\right)\right]dt.$$

무지개 함수라는 별명을 가진 에어리 함수.

에어리의 연구가 위대한 점은 바로 이 수식으로 무지개의 비밀이 거의 완벽하게 해결되었다는 점이다. 이전까지 1차 무지개 안쪽의 과잉 무지개와 '알렉산더의 어두운 띠'의 밝기를 수학적으로 완벽하게 설명할 수 없었는데 에어리의 무지개 함수 하나로 이 모든 것이 해결되었기 때문이다. 그의 무지개 함수를 이용하면 무지개가 발하는 미묘한 색채의 변화를 세밀하게 계산할 수 있다.

에어리는 무지개 연구를 좀 더 수학적으로 발전시켰다.

이처럼 현대 무지개 연구의 한 획을 굵게 그은 에어리는 데카르트와 뉴턴이 완성한 고전적인 무지개 이론에 영의 파동 이론을 더해 무지개 이론을 크게 업그레이드한다. 그는 파동 이론을 바탕으로 수학적으로 완벽하게 무지개를 설명했다. 한편으로는 무지개 연구를 일반인들이 절대 접근할 수 없는 깊고 깊은 고급 수학의 늪으로 끌고 갔다. 아무나 넘볼 수 없는 무지개 연구의 새로운 길이 열린 것이다.

그는 물방울 크기에 따라 무지개의 반지름과 각도가 결정됨을 수학적으로 발견하고 2차 무지개 밖에도 과잉 무지개가 존재한다는 것을 밝혀냈는데, 이 모든 것들이 에어리의 무지개 함수에 포함되어 있다. 많은 연구자가 가장 아름다운 물리학 방정식 중 하나로 에어리의 함수를 꼽는다.[47] 그는 단색광을 이용해 이를 일반화시켰는데 무지개의 다채로운 색을 결정하는 데는 한계가 있었다. 이 문제는 나중에 미 산란(Mie scattering)[48]이라는 새로운 방정식이 개발되어 해결된다.

에어리의 무지개 이론을 조금 더 정리하자면 이렇다. 사실 무지개에 처음으로 제대로 된 수학적 접근을 사용한 것은 데카르트다. 데카르트가 자와 각도기로 무지개의 비밀을 밝혀냈다면, 뉴턴은 데카르트의 생고생을 단순한 미적분으로 더욱 정확하게 유도해 낸다. 그런데 데카르트와 뉴턴의 이론은 과잉 무지개를 설명할 수 없었다. 이를 토머스 영이 빛의 파동성과 약간의 수학을 이용해 밝혀낸다. 하지만 또 다른 문제점이 등장한다. 영의 이론에 따르면 1차 무지개의 빨간색 위쪽은 무한대로 밝아지다가 갑자기 어두워져 알렉산더의 어두운 띠가 된다. 이는 실제 무지개의 모습과도 달랐고 밝기가 갑자기 뚝 끊어지는 모습은 어쩐지 궁색해 보였다.

에어리는 이 문제점을 자신의 무지개 방정식으로 말끔히 해결한다. 알렉산더의 어두운 띠에서 밝기가 갑자기 끊어지는 것이 아니라 회절 효과로 인해 서서히 어두워지는 것임을 밝혀낸 것이다. 그리고 1차 무지개의 첫 번째 과잉 무지개는 영의 위치보다 좀 더 낮은 곳에 생기는 이유도 밝혀냈다.

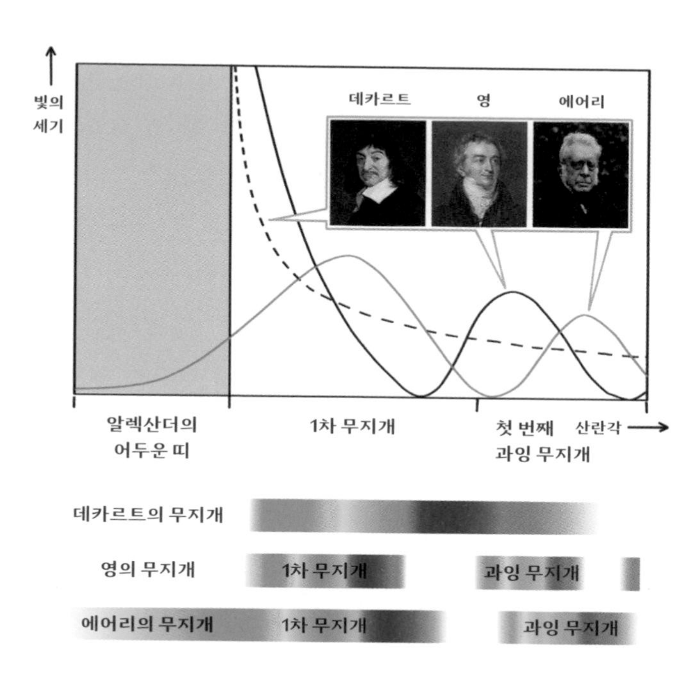

데카르트, 영, 에어리의 무지개.

16장
현대의 무지개 연구

20세기 초반 일본에서도 무지개 연구자가 등장한다. 아이치 게이지(愛知敬一), 다나카다테 도라시로(田中館寅士郞)는 에어리 함수를 이용한 무지개의 수학적 해결에 감명을 받아 연구하던 중 에어리의 무지개 함수를 좀 더 업그레이드하게 된다. 태양은 넓이를 가진 원형 광원임에도 여태껏 무지개 연구에서는 점광원으로 취급하여 계산했다. 이 두 일본인은 태양을 동전과 같이 넓이가 있는 광원으로 생각하고 무지개 함수를 상세하고 집요하게 수정해 나가기 시작했다. 그 결과 에어리와는 약간 다른 결과를 보여 주었다. 실제 점광원과 원광원은 차이가 있어서 점광원일 때와는 위치가 다르고 더 불분명한 과잉 무지개가 나타난다. 두 물리학자는 1904년 이 결과를 논문으로 발표한다.

여태껏 우리는 빛의 본질에 대한 논쟁이 뉴턴의 입자설에서 영의 파동설로 넘어왔고 마침내 프레넬과 에어리에 의해 완성되는 것을 지켜봤다. 이제 빛은 입자가 아닌 파동의 성질을 가진 것이 확실했다.

그렇지만 파동설의 전성 시대는 오래가지 못했다. 파동의 성질을 가지고는 무지개를 더 작은 세계인 원자 수준에서 다루지 못했기 때문이다. 물방울에 빛이 닿았을 때 물을 이루는 산소와 수소 원자 속의 전자에는 어떤 변화가 일어나는지, 그 결과로 물방울이 어떻게 빛을

태양을 점으로 보고 계산한 무지개 분포

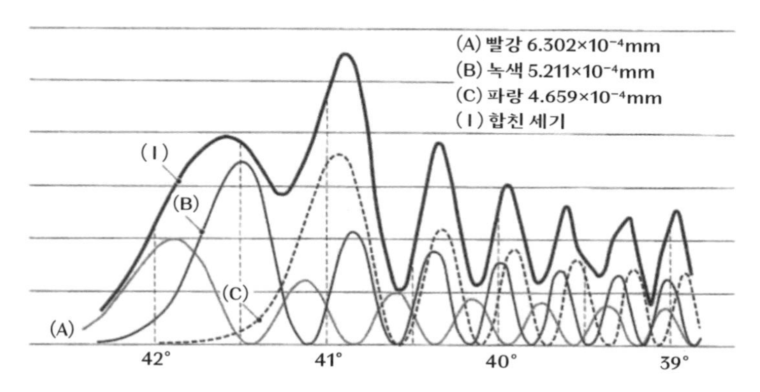

태양을 원(32분 지름)으로 보고 계산한 무지개 분포

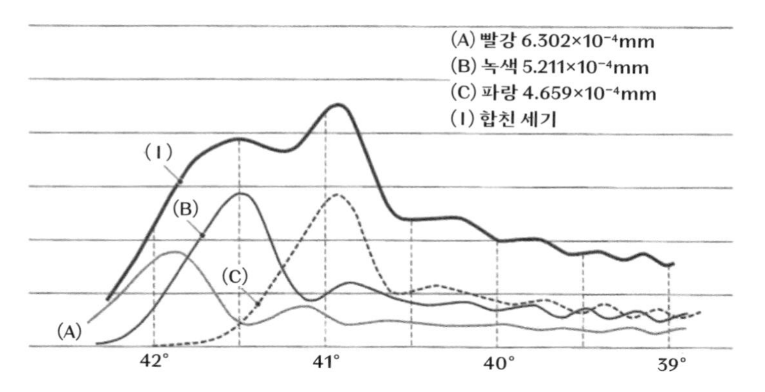

태양을 점광원 또는 원광원으로 봤을 때 달라지는 무지개 함수.

산란시키는지 설명하기 어려웠다. 파동은 무지개의 근본적인 궁금증을 해결하지 못하고 있었다.

20세기 초반 양자 역학이 등장하며 빛은 입자와 파동의 성질을 동시에 가진 것으로 판명되었다. 그리고 20세기 중반에 와서야 미시적인 세계에서 생기는 무지개에 관한 연구가 빛을 발하기 시작했다.

1964년 독일 본 대학교 입자 물리학자인 E. 훈트하우젠(E. Hundhausen) 등은 수은 원자에 나트륨 원자를 쏘아 산란되는 각도를 측정했다.[49] 2014년에는 일본 물리학자 오쿠보 시게오(大久保茂男) 등이 비슷한 환경에서 2차 무지개가 존재한다는 것을 입증하기도 했다.[50] 이 실험에서 나트륨 원자가 산란되는 각도가 놀랍게도 실제 1차 무지개의 피크와 과잉 무지개의 여러 피크들과 유사한 결과를 보였다. 미시적인 세계인 원자와 원자의 상호 작용에서 무지개의 에너지 패턴이 나타나는 것은 무척이나 흥미로운 일이었다. 2014년에는 비슷한 환경에서 2차 무지개가 존재한다는 것을 입증하기도 했다. 비록 다채로운 색을 띠는 것은 아니지만 물방울과 햇빛의 상호 작용으로만 보였던 무지개가 다른 환경에서도 비슷한 에너지 분포가 나타나는 것에서 무지개 연구는 새로운 전환점을 맞게 되었다.

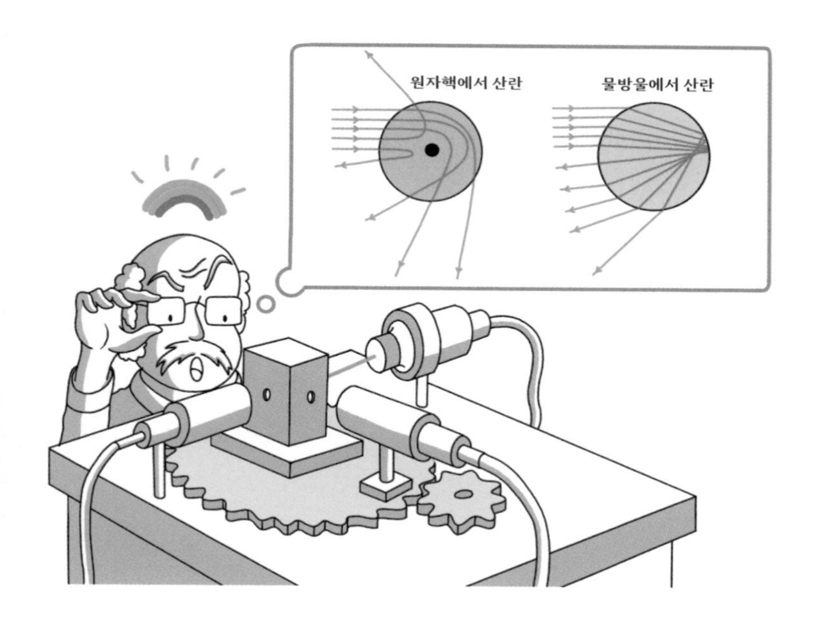

원자가 다른 원자핵에서 산란되는 것과 빛이 물방울에서 산란되는 것은
그 에너지 분포가 비슷하다.

두 원자핵이 상호 작용해 무지개가 만들어지는 과정은 빛이 물방울에서 반사, 굴절되는 것과는 다른 과정을 거친다. 물방울은 굴절률이 거의 일정해 광선이 지나가는 경로를 쉽게 그릴 수 있지만 원자핵은 물방울과 달리 원자핵에 가까이 다가갈수록 힘을 크게 받아 휘는 정도가 달라진다. 이를 굴절률이 연속적으로 변한다고 말할 수 있다. 그림처럼 원자핵에 다가갈수록 상호 작용의 세기가 커지고 그 모습을 분석하는 데는 많은 어려움이 있다. 그래서 입자의 경로를 추적하기보다 무지개 패턴을 분석하여 거꾸로 원자 구조를 파악하는 힌트를 얻을 수 있다.

원자핵에서 무지개는 결국 입자와 입자의 상호 작용이라는 측면에서 빛을 입자로 해석한 뉴턴 이론의 재림이라고도 볼 수 있다. 뉴턴 무지개에서 예상할 수 없었지만 그의 이론이 낮은 에너지 영역까지 확장된 것이다. 원자 무지개는 원자의 구조와 빛과 물질의 상호 작용을 밝혀내는 데 아주 중요한 수단이 된다. 이렇게 무지개는 각 시대의 첨단 과학의 자리에 있다.

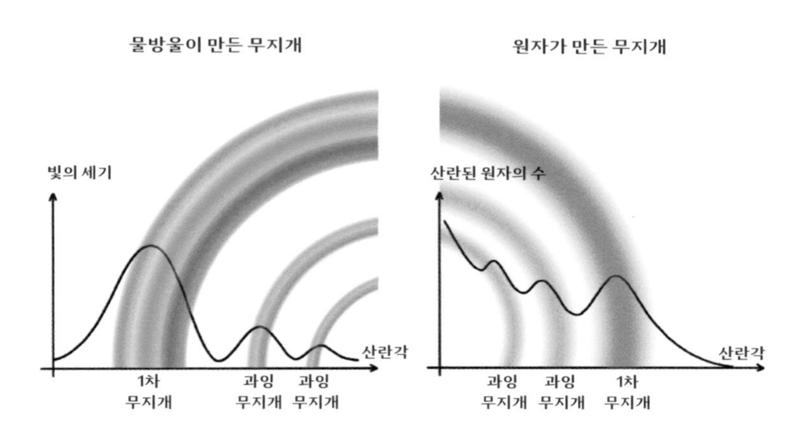

원자핵에서 산란되는 입자로 만들어지는 무지개.

2005년 탐사선 하위헌스 호는 토성의 위성인 타이탄에 착륙한다. 하위헌스 호는 타이탄의 축축한 구름을 뚫고 강과 호수처럼 보이는 사진을 몇 장 촬영한다. 미국 항공 우주국(NASA)은 탐사선이 보내 준 자료를 분석해 "물리학자 하위헌스는 실망하겠지만 타이탄에는 물이 없다."라고 발표했다.[51] 대신 축축한 대기는 액체 메테인으로 되어 있으며 때에 따라 지구처럼 비가 올 수 있다고 말했다. 그리고 타이탄에서 내리는 메테인 비에 의해 무지개가 만들어질 수 있다고 설명했다.[52]

그들에 따르면 물과 메테인의 굴절률이 서로 달라 지구의 무지개보다는 클 것으로 보이며 색상 순서는 같다고 한다. 다만 햇빛이 아주 약해 희미한 오렌지색 무지개가 보인다고 한다. 실망하는 독자들을 위해 그는 "아마도 적외선 카메라로 촬영한다면 지구보다 큰 멋진 무지개를 볼 수 있을 것이다."라고 위로해 주었다.

2011년 7월에는 유럽 우주국(ESA)의 금성 탐사선인 비너스 익스프레스(Venus Express)가 금성의 구름에 생긴 글로리를 촬영하기도 했다. 이제 무지개는 우주로도 뻗어나가기 시작했다.

데카르트는 무지개를 빛의 반사에 의한 것으로 생각하고 완벽한 무지개 이론을 내놓았다. 뉴턴은 두말할 나위 없이 무지개의 모든 것을 밝혀냈고, 자타가 인정했다. 하지만 과잉 무지개를 해결하지 못했었고 이는 에어리가 등장하여 방정식 한 줄로 2,000년 역사에 종지부를 찍으려 했다. 그러나 더 많은 것이 남았다.

한 연구자는 무지개가 양파와 같다고 했다. 까면 깔수록 새로운 껍질이 나타나는 양파 말이다. 한 번 껍질을 벗길 때마다 매운 향에 눈물이 나고 그만큼 고통이 뒤따르는 끝없는 양파 까기. 반사의 껍질, 굴절의 껍질을 벗기고, 또 눈물을 머금고 기하학 껍질을 벗기니 파동의 껍질이 나오고, 이제는 완전히 수학의 껍질로 넘어왔다.

그러나 불행히도 우리에게는 아직 껍질을 까지 않은 또 다른 양파가 있다.

과학자들이 열심히 과학적 호기심으로 양파 껍질을 까고 있는 동안 무지개 문화를 간직한 또 다른 양파는 얌전히 새로운 이야기를 품은 채 바구니에 담겨 있다. 수학의 무지개 시대와는 별개로 이 양파는 인간 본성을 간직한 감성 충만한 문화 이야기를 담은 채 말이다.

타이탄에 무지개가 뜨면 이런 모양일 것이다.

4부
무지개에 담긴 문화

초등학교 벽면을 무지개색으로 칠하는 이유는 무엇일까?
국립 공원 광고에는 왜 무지개가 들어갈까?
무지갯빛 깃발이 의미하는 것은 무엇일까?
우리에게 무지개는 어떤 의미일까?

17장
무지개의 색이 의미하는 것

한 남자가 밤새 희한한 꿈에 시달리며 뒤척거리다가 방금 잠에서 깼다. 그는 식은땀을 손으로 닦아 내며 이 모든 것이 꿈이라는 것을 확인하고는 안도의 한숨을 쉰다. 글쎄 그가 꿈에서 호모 사피엔스가 사는 1만 년 전으로 돌아간 것이다. 자신은 한 소년의 부모였는데 그 녀석이 처음 사냥을 나갔다가 커다랗고 화려한 색의 둥근 것을 보고 왔다고 했다. 녀석은 두려움에 떨면서 얼굴이 새하얗게 질렸다. 소년은 밤에 잠도 못 이루고 한동안 앓았다. 그는 소년의 머리를 쓰다듬으며 말했다.

"처음엔 무섭지만 아마도 다시 만나면 맞설 용기가 생길 거란다."

인류가 무지개를 보면서 처음 느낀 감정은 두려움이었다. 한번도 마주하지 못한 것에 대한 미지의 공포. 그런데 이런 두려움은 꼭 나쁜 것만은 아니었다. 오히려 공포는 인류의 문명을 이루게 한 동력으로 작용하기도 했다. 폭풍과 추위에 대한 공포가 집을 지어야 하는 강력한 동기가 되듯이 말이다. 여기에 인류는 특유의 호기심과 예술적 감각을 더해 화려한 건축 문화로 발전시켰다. 이렇듯 단순한 호기심만으로는 인류의 혁신적인 문화를 설명하기에 그 동력이 부족하다.

그의 아들인 용감한 소년이 무지개를 마주했을 때도 그랬다. 소년을 괴롭힌 공포심은 생존의 문제였다. 사냥을 위해서 반드시 극복해야 할 것이었다. 며칠을 앓게 한 그 공포심은 무지개에 맞서기 위한 용기로 승화된다. 그리고 지치지 않는 호기심이 더해져 무지개를 탐구하게 되는 커다란 동력이 되었다. 소년의 호기심을 물려받은 후세 과학자들은 끈질긴 노력으로 빛과 색의 신비를 밝혀냈고 인류는 다채롭고 풍요로운 빛과 색의 문화를 이루었다.

이렇게 두려움에서 시작된 인류의 무지개에 대한 탐구는 무지개의 과학적 호기심을 넘어선 빛과 색의 문화 영역으로 확장되었다.

우리는 무지개의 다양한 표상과 함께한다.

무지개는 현대 우리의 문화에 어떻게 반영되어 있을까?

1만 년 전 무지개가 인류에게 두려움의 감정을 주었던 이유는 그 색과 거대한 아치 모양이었을 것이다. 그중 주변과 전혀 어울리지 않았던 화려한 색에서 인류는 더 큰 이질감을 느꼈다. 그래서 무지개가 문화에 미친 영향을 알기 위해서는 먼저 무지개의 색을 탐구할 필요가 있다.

모든 사람이 의심 없이 무지개는 일곱 가지 색이라고 말할 것 같지만 전혀 그렇지 않다. 우리나라도 고전 기록을 보면 '5색 무지개'라는 표현을 자주 사용했다. 근대에 이르러 서양 과학 교육의 영향을 받아 뉴턴의 7색으로 굳어졌다. 재미있는 것은 뉴턴의 고향인 유럽은 무지개를 7색이 아닌 5색 또는 6색으로 여긴다는 것이다. 게다가 아프리카에서는 8색이라고 이야기하기도 하고 남아시아 일부 지역에서는 2색만 있다고 가르치기도 한다. 이렇게 각 나라 또는 문화마다 무지개색이 다른 것은 자연 환경과 언어의 영향이 큰 것으로 보인다.

그렇다면 무지개에는 대체 몇 가지 색이 있는 것일까?

이상적인 무지개색은 프리즘을 통해 본 햇빛의 스펙트럼과 같아야 한다. 무지개를 보는 것은 곧 태양을 보는 것이므로 햇빛에 담긴 모든 색을 품어야 한다. 색은 빛의 파장에 따라 달라지는데 가시광선의 파장은 400나노미터부터 700나노미터 근처까지 연속적이다. 따라서 색은 셀 수 없이 다양하다.

하지만 우리는 무지개를 꼭 몇 가지 색으로 규정짓곤 한다. 소리의 다양한 진동수 중 특별한 진동수에 음을 입혀서 계이름을 만들 듯이

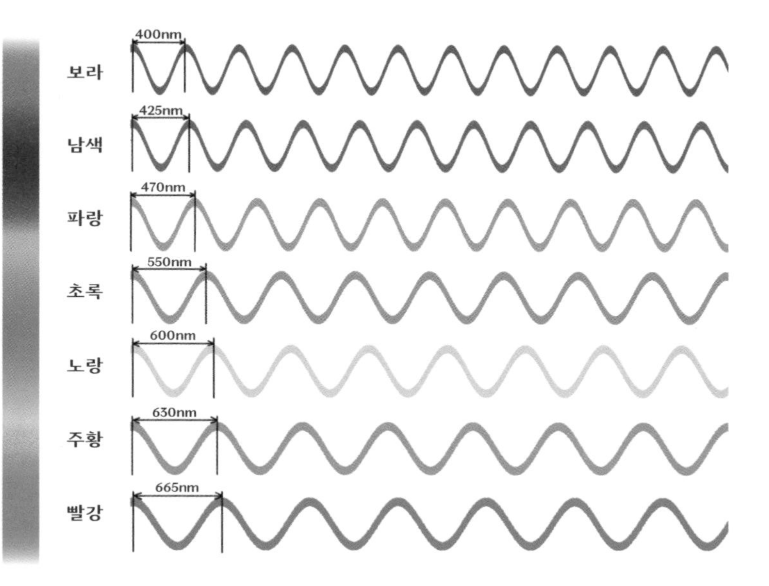

무한한 무지개의 색 중 인간이 고른 몇 개의 색. (nm은 나노미터이다.)

우리는 무한한 색 중 몇 가지를 골라 무지개색이라 칭한다. 무지개의 색은 정해진 크레용 색깔이 아닌 화가의 팔레트에서 나올 수 있는 색상만큼 많은데도 말이다.

이상적이지 않은 현실의 무지개색은 보는 장소, 시간, 날씨 등에 따라 다르고 또 보는 사람에 따라 다양한 가짓수로 보인다. 일부 진지한 과학자들은 직접 무지개 사진을 분석해 가며 무지개에 들어 있는 색에 대해 조사했다. 그 결과 무지개에는 많은 색이 들어 있지만 결코 모든 색이 있지는 않다는 것이 밝혀졌다. 연구자는 유명한 무지개 사진들을 색상표와 비교했는데 색상표의 극히 일부분만 겹친 결과를 보였다.[53] 각각 사진마다 무지개에 포함된 색상도 달랐다.

여러 연구자의 연구 결과 무지개의 색을 결정짓는 요소는 크게 다섯 가지다. 광원의 색, 배경으로부터 오는 빛, 빗방울의 크기, 빗방울이 찌그러진 정도, 비가 내리는 수평 깊이이다. 이렇게 변수가 많으니 오늘 우리가 본 무지개의 색은 정말 전무후무한 '유니크'한 것이다. 레오나르도 다 빈치(Leonardo da Vinci)는 이러한 무지개의 색에 대해 "무지개색은 예술가, 철학자 및 과학자에게 다양한 도움을 주는 그림책과 같다."[54]라고 했다. 다빈치의 말처럼 무지개의 색은 과학적이면서도 굉장히 주관적인 것이다.

그래서 무지개색이 가지는 문화적 의미도 그 색깔만큼이나 다양하다. 화려한 번화가의 간판과 상업용 광고 팸플릿에서 우리는 수많은 변형된 무지개를 보게 된다. 이들은 어떤 목적으로 무지개를 사용할까?

무지개는 화려함과 새로움을 의미하기도 하고 때 묻지 않은 자연, 평화, 새로움, 대안, 다양성, 행운 등 어느 곳에다가 갖다 놔도 어울릴 정도로 범용 패턴이 되어 버렸다. 그 이유는 무지개에 대해 사람들이 갖는 문화적 의미가 절대적이지 않기 때문이다. 어쩌면 몇 가지 색이라고 정할 수 없는 실제 무지개의 다양한 색 자체가 이미 무지개가 갖는 의미를 함축하고 있는지도 모른다.

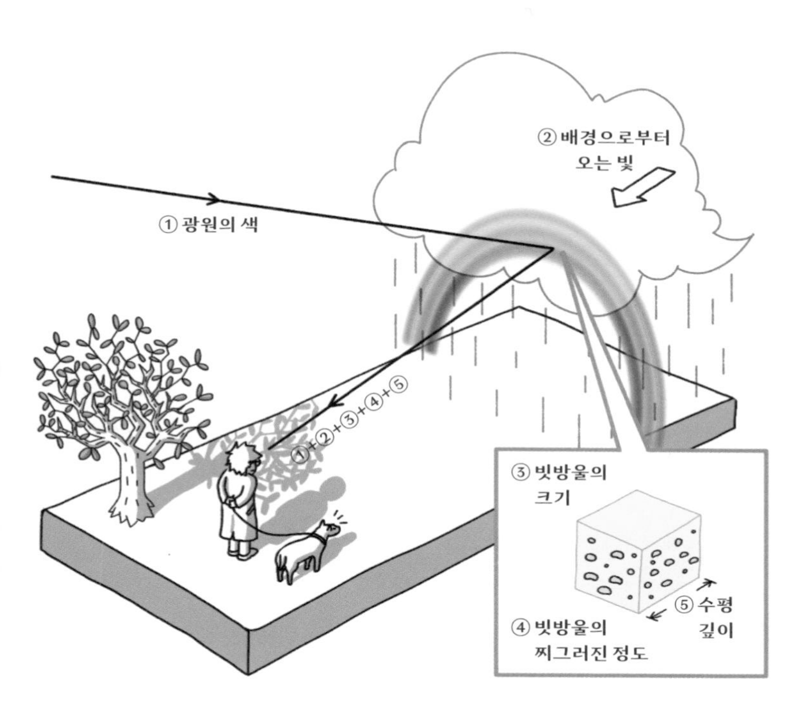

무지개색에 영향을 주는 다양한 요인들.

18장
무지개 아치의 현대적 이용

남자는 아들이 대견했다. 그렇게 며칠을 앓더니 오늘은 무지개를 보자마자 창을 들고 폭포까지 쫓아갔으니 말이다. 그리고는 저녁 해가 다 지고 나서야 자랑스러운 표정을 지으며 돌아왔다.

"내가 다가가니까 물소처럼 뒤로 조금씩 물러나더라고요. 그래서 끝까지 따라갔어요."

소년은 자신이 따라갔던 폭포 근처에서 본 무지개의 아치를 벽에 둥그렇게 그리면서 말했다. 그러면서 무지개가 왜 그렇게 둥그렇게 보이는지 궁금하다며 벽 이곳저곳에 정신 사납게 아치를 그려 넣었다.

무지개가 가진 아치는 무지개의 모습을 완성하는 중요한 형태상의 요소다. 무지개의 화려한 색만으로는 무지개가 가진 요소를 완전히 충족할 수 없다. 현대에도 반원의 아치는 그 색과 함께 무지개를 나타내는 가장 강력한 문화적 아이콘이다.

그런데 2,000년간 과학자들의 피땀 어린 노력으로 밝혀 온 무지개 아치의 과학적인 모습은 이것에 제대로 반영되지 않은 것 같다. 수많은 색깔 중에서 인간이 일방적으로 정한 몇 가지 무지개색만을 사용하듯이 무지개의 아치도 여전히 실제 무지개의 특성과는 거리가 있다.

사람들은 무지개를 하나의 사물로 생각하고 이미지화하는 경향이 있다. 두께를 가지며 그림자가 생기고 심지어는 벽에 기대어 둘 수도 있다.[55] 이것은 신화에서 나타난 고대 인류의 생각에서 크게 변하지 않은 것이다. 빛의 경로를 바꿀 만한 거울과 같은 기본적인 광학 기구가 존재하지 않던 시절, 인류는 추상적인 상(像, image)의 개념이 없었기에 무지개를 직관적 사물로 생각하던 것이 현대에도 그대로 이어져 온 것이다.

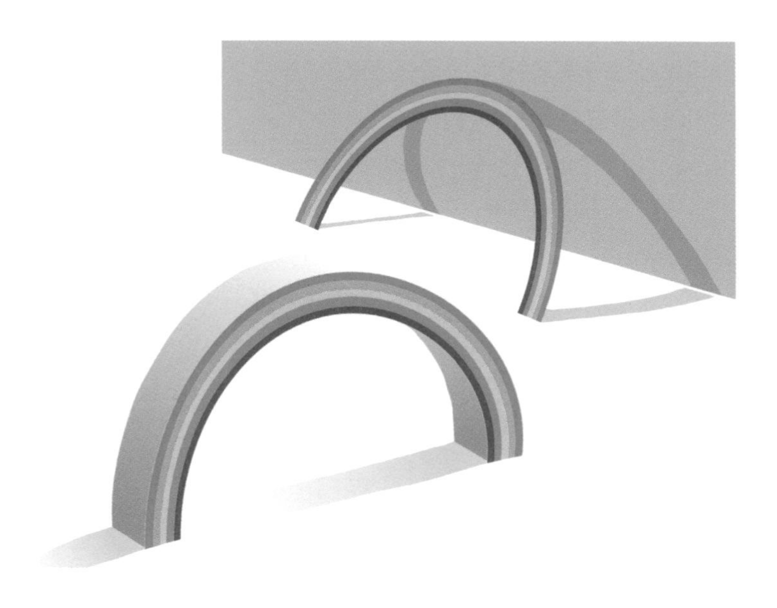

사람들이 생각하는 무지개의 속성.
사람들은 무지개를 마치 벽에 기대 놓을 수 있는 아치형 물건처럼 생각했다.
그래서 문이나 다리 같은 것으로 여긴 것이다.

사람들의 생각과는 달리 무지개는 그림자가 생기는 실제 물체가 아니며 당연히 만질 수 없다. 특정 위치에 만들어지는 것도 아니므로 다가갈 수 없을뿐더러 무지개를 옆에서 본다는 것 자체가 불가능하다. 오로지 무지개는 우리에게 동그란 아치의 앞면만을 보여 준다.

과학자들이 뭐라 하든 사람들은 무지개를 효과적으로 이용하는 방법을 찾아냈고 많은 곳에서 그 아치를 유용하게 사용하고 있다. 무지개 아치는 순수한 자연의 이미지를 표현하는 데 효과적이다. 그래서 주로 나무, 태양, 호수 등과 함께 자주 사용된다. 때 묻지 않은 자연 그대로의 모습과 화창한 날씨를 가진 환상의 여행지 광고에는 항상 무지개가 등장하는 이유다.

광고를 만드는 사람들은 무지개를 매번 태양과 함께 등장시키고 무지개의 아치를 멋지게 옆으로 틀어서 여행지로 오는 길처럼 그곳으로 우리를 유혹한다. 그들은 절대로 작열하는 태양 주변에서 무지개를 본 일이 없고 반원이 아닌 비틀어진 무지개를 결코 본 적이 없는데도 말이다. 심지어 무지개 너머로 태양이 뜨는 장면은 너무 흔하게 쓰여 무지개가 정말 태양과 함께 보이는지 헷갈릴 정도다.

사람들이 무지개 아치 이미지를 광고에 이용하는 방법.

19장
무지개가 품은 문화

무지개를 따라가는데 재미가 들린 용감한 아들은 오늘도 늦는다. 그런데 오늘은 그 표정이 제법 심오하다. 폭포 근처에서 무지개를 보고 다가갔는데 자꾸 사라진다는 것이다.

"그 동굴 같은 둥그런 구멍 속으로 들어가고 싶은데 자꾸 다가가면 없어져요."

소년은 무지개를 통과하면 뭔가 좋은 일이 생길 것 같다면서 의욕에 불타올랐다. 무지개에서 멀어지면 따라오고, 다가가면 물러나는 이해할 수 없는 모호한 속성은 무지개에 대한 막연한 호기심을 갖게 했고 무지개 끝에 관한 상상을 많이 하게 했다. 이것이 무지개 끝에 도달하고자 하는 인간의 열망과 어우러져 희망 또는 행운이라는 의미를 갖게 했다. 그래서 알록달록한 무지개 이미지가 들어간 복권은 행운 또는 소망을 기원한다. 그리고 무지개 이름이 붙은 여러 가지 이벤트는 희망의 의미를 가진다.

며칠을 조르는 아들의 성화에 못 이겨 남자는 아들의 손을 잡고 함께 무지개를 보러 나섰다. 아들은 무지개에 다가가서 무지개 끝에 무엇이 있는지 보고야 말겠다며 같이 가자고 했다. 자신의 용감한 모습을 보여 주고 싶었던 아들의 모습이 대견해서 따라나서긴 했는데 날씨가 심상치 않다.

넓은 벌판을 지나 숲에 다다랐을 때는 이미 하늘에 먹구름이 가득이다. 바로 세찬 비바람이 몰아칠 것 같다. 아니나 다를까 갑자기 하늘이 잿빛으로 변하더니 굵은 비가 무섭게 쏟아진다. 비를 피하려고 남자는 아들과 함께 커다란 바위 아래로 숨었다. 귀를 찢을 듯한 천둥과 번쩍거리는 번개가 칠 때마다 아들은 움찔한다. 남자는 아들을 꼭 안고 폭풍우가 빨리 지나가길 빌었다. 한참 후 바람이 잦아들더니 날이 개면서 구름의 빈틈으로 햇빛이 비친다. 비가 그친 숲은 고요하고 평화롭다. 남자는 아들의 손을 잡고 일어섰다. 순간 그 둘은 우거진 숲 위로 등장한 거대한 무지개와 마주했다.

비가 온 뒤 마주한 무지개에 평화로움을 느끼는 사람들.

인류는 비 온 뒤 당당하게 나타나는 무지개에서 어떠한 감정을 느꼈을까? 세찬 소나기 후 찾아든 고요함과 청명함 속 무지개는 평화로움을 느끼게 했을 것이다. 또 더 이상 비가 내리지 않을 것 같은 이 하늘의 징표는 인류에게 새로이 시작하는 희망의 이미지를 주었을 것이다. 이처럼 무지개는 평화와 새로운 희망을 상징한다.

2002년 미국의 이라크 침공이 임박하자 이탈리아 청년들은 전쟁에 대한 항의 표시로 평화의 의미를 담아 무지개색 깃발을 흔들었다. 또 '무지개 학교', '무지개 센터'라고 이름 붙은 단체들은 소외 계층의 교육과 복지를 위한 단체이다. 이들은 복권에 새겨진 무지개와는 다른 '새로 시작하는 희망'의 뜻을 가진다.

무지개의 다양한 색은 우리가 알지 못한 빛과 색에 대해 많은 영감을 주었으며 과학자들이 무지개의 비밀에 도전하게 하는 가장 매력적인 동기가 되었다. 사람들은 여러 색을 나열할 때 꼭 선택된 무지개색과 그 순서로만 사용한다. 세상의 색은 너무나도 다양한데도 말이다. 이렇게 무지개의 색은 다양성을 표현하는 매개체로 이용되고, 자연스럽게 다양성의 문화 코드를 지닌다.

더 나아가 무지개의 색은 다양성의 인정을 요구하는 비주류, 대안 등을 상징하게 되었다. 매년 특정한 날에는 성 소수자의 인권을 지지하는 단체나 모임에서 무지개 깃발을 흔든다. 굳이 설명하지 않아도 무지개 깃발은 그들의 주장과 아주 잘 어울린다.

성 소수자 운동에 등장한 무지개 깃발.
무지개의 색은 다양성을 상징하는 의미로 쓰인다.

이제서야 1만 년 전의 꿈에서 깬 남자는 정신을 차리고 침대에서 일어났다. 꿈에서처럼 밤새 내리던 비가 그치고 아침 햇살이 수줍게 드리운다. 남자는 폭우 속 꿈에서 꼭 안았던 아들이 생각나 아이의 방으로 간다. 꿈에서는 아들이었지만 현실은 누구보다도 사랑스러운 딸이 있다. 딸의 책상에는 어젯밤 그리다 만 무지개 그림이 있다. 무지개 아치 너머로 태양이 고개를 내민 바로 그 그림 말이다. 남자는 자는 딸을 바라보며 미소를 짓는다.

"어서 일어나렴. 오늘 플루트 공연하는 날이잖아."

아이는 그제야 기지개를 펴며 일어나 남자에게 안긴다.

남자는 아이와 손을 잡고 공연장인 초등학교 강당에 들어선다. 순간 그는 무대 배경으로 그려진 화려한 무지개와 또다시 마주했다. 꿈에서 1만 년 전에 본 거대한 무지개다. 아이는 머뭇거리는 남자의 손을 놓고 신나게 무대로 달려갔다.

유치원과 초등학교 발표회 현수막에는 왜 항상 무지개를 그려 넣을까? 그 많은 이미지는 왜 무지개를 대체할 수 없을까? 무지개는 다른 어떤 이미지보다 아이들에게 잘 어울린다. 무지개의 화려한 색은 무대를 더 화사하고 희망차게 만들어 주고, 무지개 아치가 지닌 자연스러움과 순수한 이미지는 어린이들의 모습을 더욱 돋보이게 한다.

공연이 시작되었다. 남자는 앞줄에 있는 딸을 본다. 야무진 손으로 플루트를 잡고 이제 지휘자를 응시하며 첫 음을 불어낸다. 청명한 플루트의 음색이 무지개 배경으로 한껏 울려 퍼진다.

무지개는 순수한 아이들의 모습과 잘 어울린다.

Somewhere over the rainbow	무지개 저쪽 어딘가
way up high	아주 높은 곳에
There's a land that I heard of	어렸을 적 자장가에서
once in a lullaby	들어본 곳이 있어
Somewhere over the rainbow	무지개 저쪽 어딘가
skies are blue	하늘은 푸르고
And the dreams	그대가 감히
that you dare to dream	꿈꾸었던 꿈들이
Really do come true	정말로 이루어질 거야
Someday I'll	언젠가 내가
wish upon a star and	별들에게 소원을 빌고 나서
Wake up where	잠에서 깨어나면
the clouds are far behind me	나는 구름이 저 아래에 있고
Where troubles	모든 괴로움이
melt like lemon drops	레몬 사탕처럼 녹아내리는 곳
Away above the chimney tops	굴뚝 위 높은 곳에 가 있을 거야
That's where you'll find me	그곳에서 나를 만날 수 있어
Somewhere over the rainbow	무지개 저쪽 어딘가
blue birds fly	파랑새들이 날아가는 곳
Birds fly over the rainbow	새들은 무지개를 넘어 날아가는데
Why then, oh why can't I?	그런데 왜, 왜 나는 그럴 수 없을까?
If happy little bluebirds	행복한 파랑새들은
fly beyond the rainbow	무지개 너머로 날아가는데
Why, oh why can't I?	왜, 왜 나는 그럴 수 없을까?

'무지개 너머(Over the Rainbow)'는 꿈꾸던 것들이 실제로 이뤄지는 곳이다. 빗방울 축축한 현실과 달리 파랑새가 푸른 하늘을 날아다니는 곳. 어린 소녀 도로시의 유치한 꿈들이 마법처럼 이뤄지는 곳이다. 현실은 비록 시골의 농장에 있지만 언젠가는 꿈꾸는 세상이 오면 지금껏 힘들었던 과거가 비처럼 씻겨 내려가고 찬란한 태양과 무지개가 하늘 높이 떠오르는 희망을 상징한다.

이 노래 「무지개 너머(Over the Rainbow)」는 1939년 영화 「오즈의 마법사」에 삽입된 곡으로 영화 주인공 도로시가 자신의 처지를 비관하지 않고 희망찬 미래를 기대하며 부른 노래다. 영화의 분위기와 꽤 잘 들어맞았던 이 노래는 이듬해 각종 영화제의 음악상을 수상하며 유명해졌고 많은 가수가 다시 부르면서 가장 유명한 무지개 노래가 되었다.

이처럼 현대의 문화적인 관점에서 무지개는 과거 신화에서의 부정적 이미지들을 거의 찾아볼 수 없다. 무지개를 그리라고 할 때 뱀을 연상하는 초등학생은 없다. 또 무지개를 질병의 근원으로 여기는 사람들도 없다. 이것은 분명 과학이 무지개에 대한 인간의 생각을 좀 더 논리적, 경험적으로 변화시키는데 문화적으로 기여한 것이다. 그런데도 사람들은 이 노래처럼 무지개에 신비를 담고 그 이상향에 도달하고 싶어 한다. 그리고 도달하지 못할 것을 알면서도 매번 당치 않은 희망을 품는다.

20장
무지개에서 인류가 느끼는 것은

아이의 공연을 보고 돌아오는 길에 남자는 도시의 빌딩 너머로 뜬 진짜 무지개를 본다. 1만 년 전에도 하늘에 있었던 그 무지개다. 돌로 된 창을 손에 쥐고 있던 꿈속 그의 아들도, 스마트폰을 쥐고 무지개 사진을 찍고 있는 그도 무지개를 보며 잠시나마 같은 감정을 느낀다. 이 둘은 어떤 같은 생각을 할까?

무지개의 문화적 의미는 다양하다. 하지만 인류가 무지개를 보고 느끼는 변하지 않는 감정이 하나 있다. 무지개의 비밀이 어느 정도 밝혀진 현대에도 인류는 석기 시대 인류와 비슷한 감정을 느낀다. 오히려 과학은 무지개에서 느끼는 이런 감정을 더욱 깊고 심오하게 만들어 주었다.

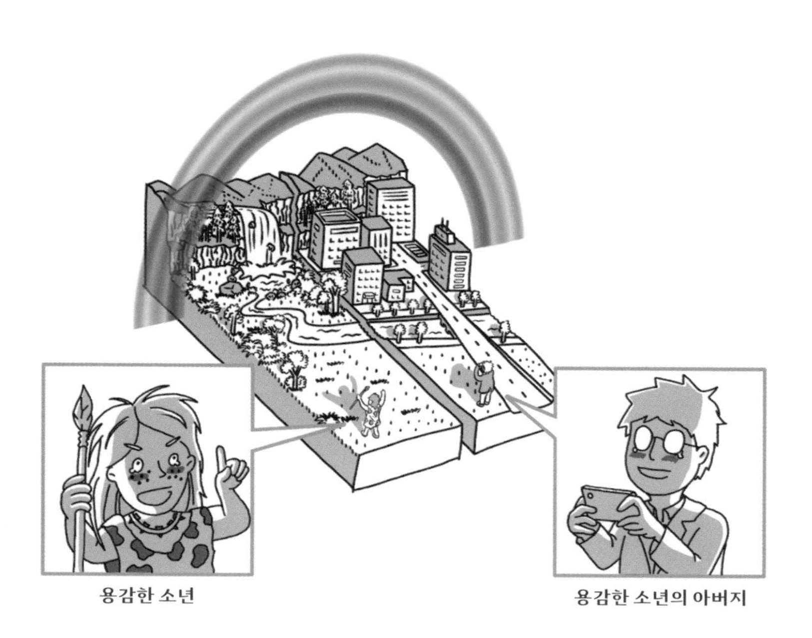

신석기 시대의 인류와 현대의 인류는 무지개를 보고 때론 비슷한 감정을 느낀다.

인간은 꾸준히 무지개에 대한 이런 생각들을 예술 작품에 녹여 내고 있었다.

무지개가 등장하는 그림 중 가장 유명한 이 그림은 19세기 영국 화가 존 에버렛 밀레이(John Everett Millais)가 그린 것이다.

눈이 먼 소녀가 동생과 함께 무지개가 있는 들판에 앉아 있다. 비가 그친 들판에는 1, 2차 무지개가 있지만 무지개를 보지 못하는 눈먼 소녀의 모습은 오히려 평온하다. 비 온 뒤 나지막이 비추는 햇빛은 들판을 황금빛으로 물들게 하고 눈을 감고 이런 자연을 느끼고 있는 그녀의 얼굴을 더없이 평화롭게 만든다. 향긋한 풀 내음을 맡으며 손으로 풀 한 포기를 어루만진다. 동생이 떨어질세라 손을 꼭 잡고 품에 기대게 한다. 남루한 옷차림이지만 이 순간만큼은 자매에게 평화로운 행복이 스며든다. 그리고 시의적절하게 떠 있는 무지개는 이와 절묘하게 어울린다.

이 그림이 우리에게 감동을 주는 이유는 무지개의 보편적 감성을 잘 표현했기 때문이다. 우리는 이 그림에서 무지개의 문화적 의미를 일일이 연상할 필요 없이 그림을 즐길 수 있다.

존 에버렛 밀레이의 「눈먼 소녀」(1856년). 영국 버밍엄 미술관 소장.

무지개를 소재로 한 가장 유명한 시는 윌리엄 워즈워스(William Wordsworth)의 「내 가슴 설레느니(My Heart Leaps Up)」이다. 그는 "무지개를 보고 경이로워하지 않는다면 차라리 죽는 것이 낫다."라는 제법 무섭지만 감수성 어린 충고를 했다. 어렸을 적 무지개를 보고 가슴 설레었던 기억이 나이가 들어서도 계속 이어지며 그때의 순수한 꿈과 희망, 가슴 두근거림을 그대로 간직하고 싶다는 소망을 고스란히 드러낸다.

그의 시는 이처럼 무지개에 자연에 대한 숭고함을 담았다. 어른이 되면 잊을 수 있는 소중한 가치를 무지개에 투영하여 덤덤해진 어른들에게 대자연에 대해 감동할 줄 아는 순수한 모습을 주문하고 있다.

My heart leaps up when I behold	하늘의 무지개 볼 때마다
A Rainbow in the sky:	내 가슴 설레느니
So was it when my life began:	나 어린 시절에 그러했고
So is it now I am a man:	다 자란 오늘에도 매한가지
So be it when I shall grow old,	쉰 예순에도 그렇지 못하다면
Or let me die!	차라리 죽음이 나으리라!
The Child is father of the man:	어린이는 어른의 아버지
And I could wish my days to be	바라노니 나의 하루하루가
Bound each to each by natural piety.	자연의 숭고함에 있기를.

무지개에 담긴 의미를 예술적인 방식으로 승화한 두 예술 작품에서 그 어떤 과학적, 문화적 무지개의 의미를 찾을 수 없다. 하지만 워즈워스의 시에서 그가 그토록 강요한 '자연의 숭고함'은 과학적, 문화적

무지개를 아우르는 무지개가 갖는 가장 큰 자산이다. 밀레의 그림은 그 경이로움을 보이지 않는 황금빛 태양과 눈 먼 소녀의 표정을 통해 대신 표현해 낸 것이다.

우리는 비 온 뒤 드물게 모습을 드러내는 무지개에 열광한다. 과거 초기 인류가 품었던 공포와는 상반된 감정이다. 무지개 탐구는 인류가 자연을 연구하는 것에 대한 끝없는 도전과 해석, 지적 모험을 경험하게 했다. 무지개가 품은 다양성은 인류의 문화에도 많은 영향을 주었다.

우리는 무지개가 그려진 간판과 복권, 무지개 깃발에서 더 이상 과학적 무지개를 연상할 수 없다. 하지만 비 온 뒤 도시의 콘크리트 벽 사이로 뜨는 진짜 무지개를 보며 우리는 잠시나마 숭고한 자연과 신비로움, 무지개색이 가지는 화려함과 다채로움을 함께 느낀다. 눈으로 보이는 1차 무지개뿐만 아니라 빛이 약해 미처 보이지 않는 수많은 색동고리들을 마음의 눈으로 상상해 보라.

무지개를 보며 우리가 느끼는 변하지 않는 감정은 자연에 대한 경이로움 그 자체인 것이다.

21장
무지개는 무엇일까?

남자는 무지개의 모든 것이 궁금하기 시작했다. 그래서 무지개에 대해 알아보기로 했다. 세상에 뿌려진 무지개에 대한 지식을 모아서 호기심 많은 꿈속 아들에게 들려주고 싶었다. 모아 놓고 보니 무지개가 들려주는 흥미로운 이야기들은 산더미처럼 많다.

남자는 용감한 소년뿐 아니라 궁금해하는 많은 이들에게 이 이야기들을 들려주어야겠다고 마음먹었다. 이야기를 정리하면서 남자는 많은 생각을 했다. 무지개에 대해 그렇게 깊게 생각한 적은 없었다.

'그래서, 무지개는 대체 무엇이지?'

남자는 오랫동안 고민했다. 무지개가 지닌 색을 다시 모으면 온전한 햇빛이 된다. 무지개의 아치를 다시 되돌리면 그것 역시 햇빛이 된다. 무지개는 태양인 것이다.

태양은 온 세상에 에너지를 준다. 그 에너지로 인류뿐 아니라 지구의 모든 생명체가 탄생하고 지구의 모습을 이토록 아름답게 만들어 주었다. 남자가 존재하는 것도 온전히 태양 때문이다. 이미 남자가 오늘 먹은 아침밥은 식물이 태양의 빛을 이용해 만들어 낸 것들로 채워져 있으며, 들고 다니는 휴대 전화의 전기 에너지도 많은 부분은 따지고 보면 태양에서 얻은 것들이다.

남자는 무지개 이야기를 담은 이 책도 온전히 태양으로 만들어야 한다고 생각했다. 태양의 영혼인 햇빛으로만 만든 무지개 책 말이다. 그래야 온전하다고 생각했다. 그런데 남자가 사용하는 에너지의 일부는 태양과 거리가 있어 보였다. 원자핵이 분열해서 나오는 에너지는 아무래도 남자가 원하는 태양의 영혼으로 만든 것과는 달랐다.

그래서 남자는 태양의 영혼을 직접 모으기 위한 도구를 준비한다. 넓은 태양 전지판으로 낮 동안 태양의 영혼을 받아 배터리에 저장한다. 그런 후 무지개 이야기를 쓰고 그림을 그릴 때마다 그 영혼을 조심스럽게 꺼내어 쓰는 것이다. 밤이 되어 태양이 잠시 자리를 비우면 남자는 모아 두었던 영혼들을 꺼내 한 줄 한 줄 긴 이야기를 풀어 갔다.

남자는 자연스럽게 맑은 날에만 이야기를 쓸 수 있었다. 흐리거나 비가 오는 날은 그 영혼이 부족해 그의 도구들이 제대로 작동하지 못했다. 남자는 수년간 이 규칙을 철저히 지켰다. 순전히 무지개의 본질인 태양의 영혼으로만 이 책을 완성하리라.

이제 긴 여정의 마지막 페이지가 씌어진다. 며칠간 날이 맑아 영혼은 충만하다. 남자는 이제 결론을 내야 할 때가 되었음을 직감했다.

'무지개의 본질은 무엇인가?'

무지개는 태양의 다른 모습이다. 남자는 아이의 아빠이지만 사랑하는 아내의 남편이기도 하고 인자한 어머니의 아들이기도 하다. 무지개는 태양의 그런 모습 중 하나다. 남자가 모두에게 하나의 모습이 아니듯이 태양의 온갖 다른 모습 중 하나는 무지개다. 무지개는 대기에 흩뿌려진 물방울 때문에 간간이 보이는 경이로움이다. 남자는 연애 시절 아내의 상큼한 눈웃음을 떠올렸다. 남자는 그때 그 경이로울 정도로 사랑스러운 눈웃음을 잊지 못한다. 이것이 무지개의 경이로움을 있는 그대로 비유할 순 없겠지만, 아내의 여러 모습 중에서 남자는 그 모습을 가장 아름답게 느낀다. 당연히 남자는 태양의 여러 모습 중 무지개가 가장 경이로울 것이라고 확신한다. 아내의 눈웃음이 아내의 것이듯 무지개의 경이로운 아름다움은 태양으로부터 온 것이다. 그러니 무지개는 태양의 매력적인 눈웃음과 같은 것이다.

무지개는 어쩌면 온 우주에 퍼져 있을지도 모른다. 우주에는 수많은 태양이 있고 그 태양들은 각각의 눈웃음 같은 영혼들을 온 우주에 뿌리고 있다. 우주는 그 영혼들로 가득 차 있다. 우주 이곳저곳에서 그 영혼들은 경이로운 태양의 다른 모습을 보여 줄 것이다. 우리는 이 우주의 한구석에서 태양의 경이로울 정도로 사랑스러운 눈웃음을 즐기고 있는 것이다.

이제 남자는 창문을 연다.

그리고 무지개를 만든 따스한 그 영혼을 온몸으로 느낀다.

5부
진짜 무지개를 찾아서

사람들은 무지개를 보고 싶어 한다.
그래서인지 비슷하게 보이는 것들을 모두 무지개라고 부른다.
가짜 무지개가 아닌 진짜 무지개는 어떻게 만들 수 있을까?
진짜 무지개를 만들기 위한 소소한 실험들을 따라가 보자.

22장
무지개를 자주 볼 수 없는 이유

우리는 무지개를 평생 몇 번이나 볼까?

기상청 자료에 따르면 관측이 기록된 이래 무지개 관찰 횟수는 점차 줄어들고 있다고 한다. 30년 전에는 1년에 수십 차례이던 것이 최근 10여 년간은 수차례로 감소했다. 그마저도 도심에서는 거의 발생하지 않는다. 한때 서울에서는 3년 동안 단 한 차례도 무지개가 뜨지 않았다는 통계도 있다.[56] 그래서 무지개가 뜨면 사람들은 너도나도 휴대전화를 들고 사진을 찍느라 바쁘다.

최근 들어 무지개를 보기 힘든 이유는 대기에 불순물이 많아졌기 때문이다. 대기가 깨끗하면 빛이 잘 통과해서 하늘이 맑고 푸르게 보이기 마련이다. 무지개가 만들어지는 조건만 되면 선명한 무지개를 볼 수 있다. 하지만 대기에 먼지나 화학 물질로 인한 입자들이 많으면 빛이 투과되는 거리가 줄어들게 되어 무지개가 만들어진다 해도 흐릿해서 눈에 잘 보이지 않는다. 대기 중 먼지들은 물방울의 크기에도 영향을 주기도 한다. 물방울의 지름이 1밀리미터 정도는 돼야 무지개가 만들어지는데 대기 중 이물질들은 물방울의 습기를 가로채서 무지개를 만들 물방울의 크기를 줄여 무지개가 만들어지는 것을 방해한다.

한편으로는 이런 희소성 때문에 무지개에 대한 사람들의 관심이 높아질 것으로 기대하지만 막상 무지개가 뜨면 연예인이 나타난 것처럼 인증샷 찍기 바빠서 좀처럼 무지개를 진지하게 살펴보지 않는다. 무지개에 숨은 수많은 관찰 포인트를 제대로 보지 못하고 또 무지개는 금방 사라져 버린다.

여러모로 무지개에서 희망을 찾으려는 인류에게는 좋지 않은 현상이다. 어쩌면 현대에 용감한 소년 같은 순수한 호기심을 가진 이가 잘 보이지 않는 이유이기도 하다.

대기에 불순물이 많아지면서 무지개를 보기가 힘들어졌다.

23장
물을 이용한 무지개

사람들은 무지개를 보고 싶어 한다. 적어도 평소에는 관심이 없다가도 막상 비슷한 현상을 관찰하고 나면 너나 할 것 없이 외친다.

"어! 무지개다!"

그리고 무지개가 좀 더 커 보이길 바라기도 하고 더 밝고 더 큰 원형으로 보이길 원한다. 이런 사람들의 욕구를 반영하듯 과학 잡지들에는 무지개를 만드는 다양한 방법이 소개되어 있다.

그중 가장 간단한 방법이 하나 있다. 포도주 잔처럼 바닥이 둥근 컵에 물을 반쯤 담고 빛을 비스듬히 비춘다. 그러면 바닥에 무지개가 보인다. 물이 출렁임에 따라 무지개도 일렁거리면서 반응한다. 물이 담긴 포도주 잔이 프리즘의 역할을 했기 때문이다. 물로 들어갈 때 색깔마다 빛이 꺾이는 각도가 달라 생기는 굴절에 의한 현상이다.

이 실험에 대한 좋지 않은 일화가 하나 있다. 한창 무지개에 관심이 많던 젊은 시절, 분위기가 좋은 식당에서 친구의 소개로 초등학교 선생님을 만난 적이 있다. 그런데 아르바이트하는 친구가 내온 물컵이 하필 포도주 잔처럼 생겼었다. 순간 고개를 들어 조명을 봤는데, 젠장! 조명도 할로겐 전구였다. 할로겐 전구는 빛의 직진성이 강해 무지개가 잘 나타난다. 당연히 아르바이트생이 물을 따르자마자 흰색 테이블보에 무지개가 선명하게 생겨 버렸다.

“어! 무지개다!”

그녀는 어색한 분위기를 바꿔 보려고 했는지 무지개를 손가락으로 가리키며 반가운 듯 외쳤다. 그리고는 무지개 원리가 궁금하다고 했다. 어쩔 수 없었다. 이건 무지개가 아니라고 했다. 그리고 나는 1시간 동안 쉬지 않고 진짜 무지개를 설명했다.

그날이 그녀와의 마지막 만남이었다.

물이 담긴 포도주 잔에 의해 만들어진 무지갯빛.

무지개를 좀 더 잘 보기 위해 거울을 활용하기도 한다. 수조에 거울을 비스듬히 눕혀 넣고 물을 채운다. 그리고 물 밖에서 빛을 비춘다. 물속으로 들어간 빛은 거울에서 반사되어 다시 물 밖으로 나온다. 이 실험은 물을 통과하는 경로가 길어지게 되어 무지개가 넓게 퍼져 보인다. 물방울에서 두 번 굴절되고 한 번 반사되는 무지개의 광선 경로와도 비슷하다. 거울을 놓는 각도와 빛을 비추는 각도를 잘 조절하면 보기 편한 위치에 무지개가 보이게 할 수 있다. 이 방법은 주로 천장에 무지개가 보이게 한다. 그래서 사람들은 고개를 들고 무지개를 우러러 보게 된다.

그런데 이런 것을 무지개라고 불러야 할지는 의문이다. 이건 무지개가 아니라 무지갯빛을 관찰하는 것에 불과하기 때문이다. 무지개는 공기 중의 물방울에 의해 나타나는 현상으로 반원형의 띠를 이룬다.

물속에 잠긴 거울에 의해 만들어진 무지갯빛.

그때 그 식당에서 초등학교 선생님은 진짜 무지개에 대한 나의 기나긴 설명을 무심히 듣고 말했다.

"이걸 그냥 무지개라고 부르면 안 되나요?"

나는 대답했다.

"미안하지만, 안 됩니다."

이걸 그냥,
무지개라고 하자고욧!
죄송하지만,
안 됩니다.

24장
CD를 이용한 무지개

동그란 무지개를 바라는 사람들을 위해서 CD를 이용해 무지개를 만들 수도 있다. CD의 뒷면은 우리가 빛을 비추지 않아도 이미 은색으로 반짝이며 은은한 무지갯빛을 내고 있다. 주변 빛이 반사되어 무지갯빛이 보이는 것이다. 이런 CD의 뒷면에 빛을 비추면 빛이 반사되면서 동그랗고 커다란 무지개를 만들 수 있다. 게다가 햇빛에 비추면 쌍무지개가 만들어진다. 두 무지개의 색깔 순서는 아쉽게도 진짜 무지개와는 다르지만 동그란 원형의 무지개 2개를 볼 수 있다는 점에서 매력적인 방법이다.

CD 무지개는 무지개의 원형 모양을 그대로 재현했지만 이것도 진짜 무지개는 아니다. 진짜 무지개는 물방울 렌즈에 의해서 만들어지는 '상'이다. 그래서 이렇게 벽이나 천장과 같은 스크린에 비치는 것이 아니라 공간에 만들어진다. 벽에 비친 무지갯빛은 모든 사람이 벽에 있는 하나의 무지갯빛을 보는 것이다. 반면 공간에 만들어지는 상은 사람마다 보이는 위치가 제각각 다르다. 각자 자신만의 무지개를 보는 것이다. 이것이 CD로 만든 무지개가 진짜 무지개가 아닌 중요한 이유다. 진짜 무지개는 오직 나만을 위해 존재한다.

CD를 이용한 무지개가 진짜 무지개가 아닌 이유는 하나 더 있다. 무지개가 만들어지는 원리는 굴절과 반사에 의한 것인데 CD에서 만들어지는 무지개는 이와는 다른 원리로 만들어진다. CD 표면의 아주 작은 틈에서 반사된 빛이 넓게 퍼지게 되는데 이 빛들이 서로 만나서 빛이 더 밝아지기도 하고 어두워지기도 한다. 이것을 회절과 간섭 현상이라고 한다. CD의 무지개는 회절과 간섭으로 인한 것이다. 과잉 무지개가 바로 이와 비슷한 원리로 만들어진다.

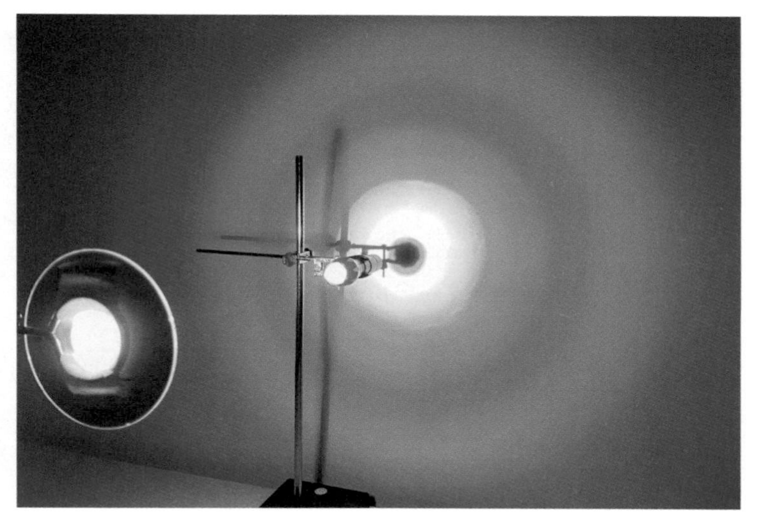

CD에 빛을 비춰 만들어 낸 무지갯빛 간섭 무늬.

군대에서 보병으로 근무하던 시절, 부대 본부의 행정병들은 지금은 사용하지 않는 3.5인치 플로피 디스켓을 사용했었다. 짙은 갈색의 동그란 마그네틱 필름이 들어 있는 네모난 모양의 저장 장치이다. 그때 휴가를 다녀온 한 후임병이 부대 보안 규정을 어기고 민간에서 유통되는 무지갯빛으로 번쩍번쩍 빛나는 귀한 공CD를 반입해 버렸다. 3.5인치 디스켓만 보던 부대원들은 찬란한 CD의 실물을 처음 보았고 너도나도 만지작거리곤 했다. 얼마 가지 않아 CD는 소대장에게 압수되었고 안에 무엇이 저장되어 있는지 확인할 장치가 부대 안에 없었기에 보안 규정상 '불온 서적'으로 분류되었다. 졸지에 위험한 물건으로 분류된 이 신기한 저장 매체는 급기야 소문을 타고 대대장의 손까지 전달되게 되었다. 그리고 다음 날 나는 대대장에게 호출되었다.

"김 상병이 대학에서 물리학을 공부한다는 이야기를 들었네."

"예. 그렇습니다."

"그런데 이 CD라는 것에 왜 무지개가 보이는 것인가?"

나는 대답했다.

"대대장님. 이건 무지개가 아니지 말입니다."

CD를 반입한 녀석과 나는 같이 보안 규정 위반으로 연병장을 돌았다. 그 CD는 내가 제대하기 전날까지 대대장 전용 컵 받침으로 1년 넘게 사용되었다. 제대하기 전날 나는 당번병을 시켜 그 컵 받침을 소각장에서 내 군 생활의 기억과 함께 불태워 버렸다.

내가 무지개라고 하면
그런 줄 알아!
CD
그래도, 무지개는
아니지 말입니다.

25장
물을 뿌려 만드는 무지개

결국 진짜 무지개는 물방울을 이용해야 한다. 비가 내리는 상황을 재현하고 공기 중에 작은 물방울이 떠 있게 만들며 빛이 비스듬하게 비추는 환경을 맞춰 주어야 한다. 그리고는 태양을 등지고 자신의 그림자가 정면에 보이도록 서 있어야 한다. 그러면 대략 빛이 물방울을 만나 반사되는 각도가 42도를 이루는 곳에서 눈을 크게 뜨면 근처에 무지개가 희미하게 나타날 것이다.

무지개 전체를 보고 싶다면 호스를 좌우로 이리저리 흔들어서 뿌리면 되는데 좌우로 42도 각도가 되도록 뿌리면 무지개 아치의 시작과 끝을 관찰할 수 있을지도 모른다. 42도라는 각도가 감이 오지 않는다면 종이 한 장의 모서리를 코앞에 두고 종이의 왼쪽 끝과 오른쪽 끝이 가리키는 곳을 보면 90도가 되므로 좌우로 42도인 84도와 비슷한 시야를 가늠할 수 있다. 종이의 왼쪽 끝과 오른쪽 끝에서부터 무지개가 시작된다고 보면 된다.

사실 태양이 뜨는 높이에 따라 무지개가 시작되는 각도가 다르다. 늦은 오후에 해가 질 때쯤에는 좌우로 42도에서 무지개가 시작하지만, 오후 3~4시에 태양이 높게 떠 있으면 무지개는 이보다 작은 각도에서 시작한다. 더 좁은 시야에 물을 뿌려도 된다는 말이다. 그러니 오후에 태양이 떠 있는 높이를 보고 대략 내 그림자 주변 좌우로 물을 뿌리면 된다.

무지개를 보려면 물방울의 크기도 중요하다. 수도꼭지에서 물이 나오는 것처럼 굵은 물줄기가 아니라 분무기에서 뿌려지듯이 안개처럼 뿌려져야 무지개를 만들 수 있는 물방울이 된다. 물보라가 생기는 폭포에서 무지개를 쉽게 볼 수 있는 이유다. 호스로 작은 물방울을 만들기 위해서는 직접 뿌리기보다 하늘 높이 뿌려서 물줄기가 떨어지게 만들어야 한다. 물줄기가 높이 솟아올랐다가 떨어지면 큰 물방울들이 제 속도를 못 이겨 작은 물방울로 부서지게 된다. 이때 만들어지는 물방울들의 크기가 무지개를 만들기 쉽다.

이쯤 해도 무지개가 잘 보이지 않는다면 배경을 좀 더 어둡게 해야 한다. 무지개가 보이는 방향으로 그늘이 보이거나 검은색 배경이 보이도록 이동해서 관찰하면 무지개를 좀 더 쉽게 볼 수 있다.

종이

무지개의 아치를 한 번에 다 보고 싶다면 호스 하나로는 부족하다. 친구와 함께 둘이서 호스 3~4개를 들고 정처 없이 하늘로 고루고루 물을 뿌리면 된다. 주변의 시선을 의식하지 말고 꿋꿋이 뿌려 보라. 순간 희미하게 무지개가 나타날 것이다. 무지개가 작게 보여 불만이라면 내 위치에서 좀 더 먼 곳에 물을 뿌리면 된다. 그러면 무지개가 좀 더 커 보인다. 대신 일부만 보일 것이다. 더 웅장한 무지개를 보고 싶다면 이제 호스로는 택도 없다. 소방서에 전화해서 소방차 몇 대로 하늘 높이 물을 뿌려야 한다. 그러면 거대한 무지개를 관찰할 수 있다. 가끔 학교에서 소방차를 불러 소방 훈련을 할 때 소방차가 물을 뿌리면 운동장 너머로 거대한 무지개가 보이기도 한다. 다만 소방차가 물을 뿌리는 위치, 태양의 고도, 관찰할 위치 등이 정확히 맞아떨어져야 한다.

혹시 모르니 학교에 소방차가 온다면 부탁해 보라. 당연히 맑은 날에 소방 훈련을 잡아 달라고 교장 선생님께 얘기하면 좋을 것 같다. 시간은 태양이 높게 뜨지 않는 오후가 좋다. 물을 뿌리는 위치는 동서로 가로질러 뿌려야 한다. 또 소방관 아저씨에게는 이렇게 부탁해 보라.

"아저씨, 불을 끄려고 물을 뿌리지 말고, 운동장에 비를 뿌린다고 생각하고 물을 높게 뿌려 주세요."

그리고 학생들은 이 모든 과정이 잘 진행되는 것을 보면서 태양을 등지고 차곡차곡 운동장에 앉아 하염없이 기다린다. 정리가 다 되면 물을 뿌린다. 그러면 어디선가 누군가 외칠 것이다.

"어! 무지개다."

그러면 그 녀석이 있는 각도가 바로 그 42도인 것이다. 즉각 모두 그 주변으로 가서 물이 뿌려지는 하늘을 보라. 그러면 눈앞에 찬란하고 거대한 무지개가 만들어진 것을 볼 수 있을 것이다. 그리고 이때 보는 무지개는 "무지개가 보인다."라고 외친 그 녀석이 본 무지개가 아니라 각자의 무지개다. 진짜 무지개는 보는 사람의 위치에 따라 제각각 만들어지기 때문이다. 비로소 나만을 위한 진짜 무지개를 보는 것이다.

수년 전 일본의 한 텔레비전 프로그램에서 소방차를 여러 대 동원해서 초등학교 운동장에 거대한 무지개를 만들었던 것을 보았다. 학생들에게 거대한 무지개를 보여 주고 싶었던 나는 소방 훈련을 위해 학교를 방문한 소방관 아저씨에게 물을 뿌리는 방향을 바꿔 달라고 부탁한 적이 있다.

"정문 근처 축구 골대에서 구령대 방향으로 물을 뿌리면 무지개가 생기는데……."

"그럼 구령대에 있는 교장 선생님이 물벼락을 맞을 것 같은데요."

"어, 그것도 나름 학생들이 좋아하겠네요."

"진짜 그렇게 할까요?"

비겁한 나는 더 적극적으로 소방관 아저씨를 설득하지 못했다.

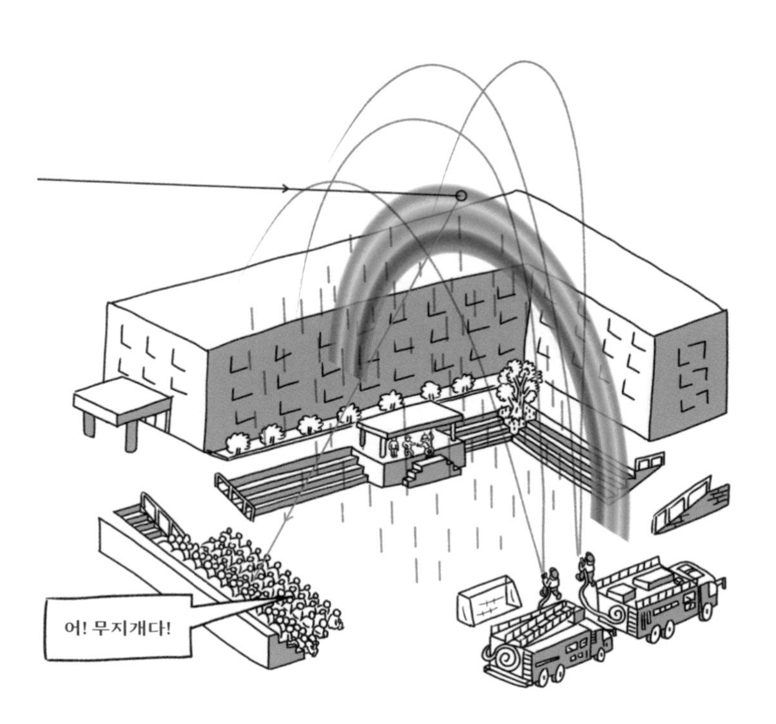
어! 무지개다!

26장
물방울 하나가 만드는 무지개

도대체 무지개가 어떻게 만들어지기에 이렇게도 보기가 어려운 것일까? 그 물방울 안에서는 어떤 일이 일어나서 정교하게 계산된 환경에서만 보일까? 이런 궁금증은 앞서 무지개 과학에서 배웠지만 직접 실험을 통해서도 물방울 하나에서 일어나는 현상을 알아볼 수 있다.

먼저 물방울을 크게 만들어야 관찰할 수 있기 때문에 둥근 바닥 플라스크 같은 것이 필요하다. 플라스크를 구하기 힘들면 전구형 플라스틱 용기를 활용해도 된다. 용기에 물을 가득 담아 물방울처럼 만든다. 빛을 비춰야 하는데 빛이 나란하게 비춰야 무지개가 잘 만들어진다. 그래서 커다란 종이에 플라스크가 들어갈 만큼 구멍을 뚫고 조금 떨어져서 빛을 비춰 준다. 물론 어두워야 무지개가 잘 보이므로 방의 불을 모두 끄고 실험해야 한다.

플라스크로 들어간 빛 중 일부분이 병 안쪽에서 반사되어 나오면서 종이 뒷면에 동그란 무지갯빛이 만들어진다. 그리고 바깥쪽에 흐릿하게 두 번째 무지갯빛을 만든다. CD와 달리 이 무지갯빛은 진짜 무지개를 만드는 빛이므로 안쪽과 바깥쪽의 무지개색 순서가 반대로 나타난다. 안쪽이 2차 무지개를 만드는 빛이고 바깥쪽이 1차 무지개를 만드는 빛이다.

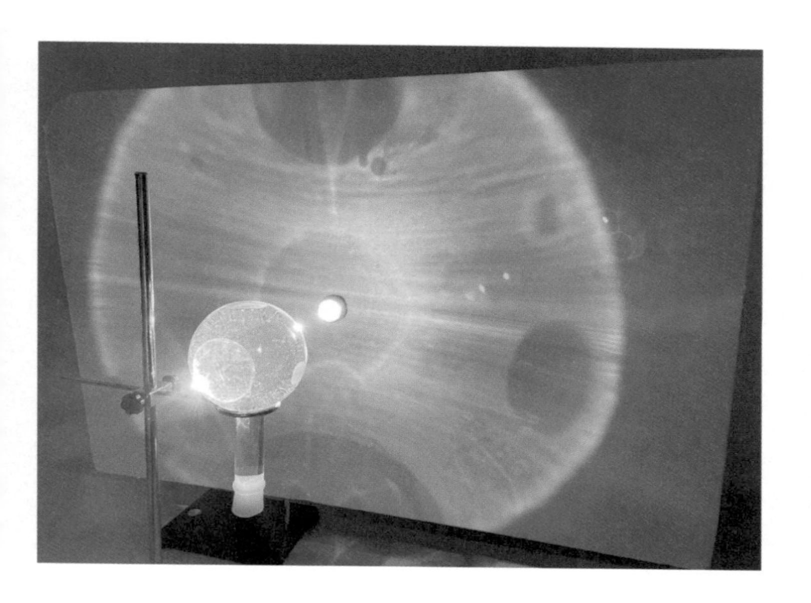

둥근 바닥 플라스크로 만들어진 무지갯빛.

놀랍게도 하늘에 떠 있는 수많은 물방울이 모두 이렇게 2개의 동그란 무지갯빛을 만들어 낸다. 물방울에서 나온 무지갯빛 띠는 동그랗게 퍼진다. 하늘로도 퍼지고 땅으로도 퍼진다. 그러다 운이 좋은 한 사람이 이쪽 하늘을 보면 그 사람의 눈으로 어느 물방울 하나에서 나온 빨간빛이 들어간다. 그러면 그 사람은 비로소 진짜 무지개의 빨간 띠 부분의 한 점을 본 것이다. 물방울에서는 다채로운 무지갯빛 띠가 나오지만 그 사람이 서 있는 곳에는 각도 상 빨간색 빛만 도달하기 때문에 그 사람 눈에는 이 물방울이 빨갛게 보인다. 이런 식으로 노란색, 파란색 등 무지개의 수많은 물방울이 채색되어 보이는 것이다.

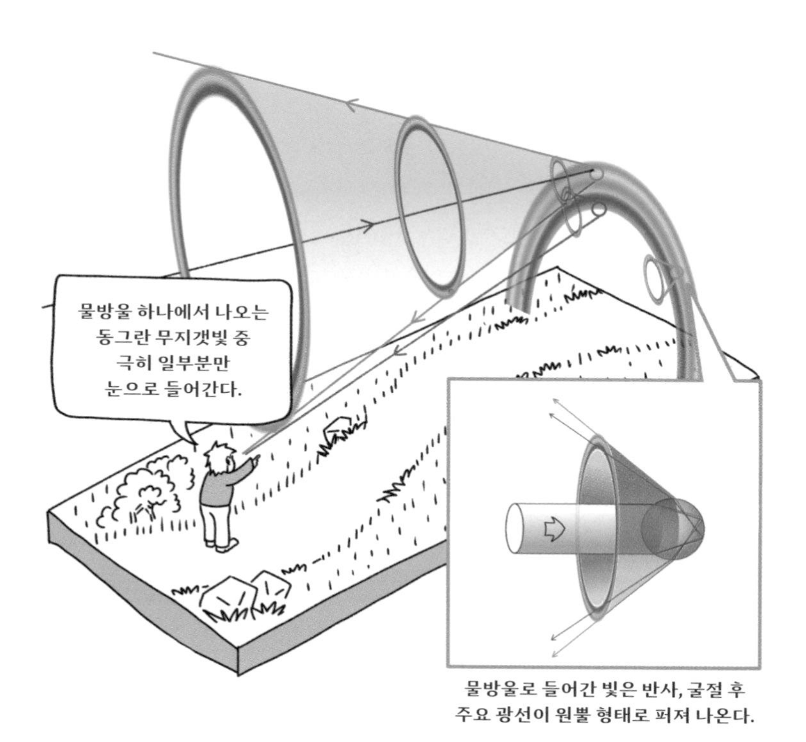

물방울로 들어간 빛은 반사, 굴절 후
주요 광선이 원뿔 형태로 퍼져 나온다.

수많은 물방울 하나하나에서 나오는 원뿔 모양의 무지갯빛이 모여 무지개가 된다.

27장
유리 구슬로 만드는 무지개

소방차까지 불러 가면서 물을 온 천지에 뿌려 가면서 기어이 무지개를 봐야 한다고 말하기가 고민된다면 생각보다 간편한 방법이 있다. 물방울 대신 유리 구슬을 이용하는 것이다. 빗방울에 비하면 유리 구슬은 그 형태를 일정하게 유지할 뿐만 아니라 바닥에 뿌려도 물처럼 젖지 않는다. 그래서 훨씬 간편하게 무지개를 만들 수 있다. 물줄기를 공중에 뿌리는 대신 유리 구슬을 바닥에 깔고 빛을 비추면 되기 때문이다. 게다가 유리 구슬을 사용하면 빛이 꺾일 때 물보다 더 많이 꺾이기 때문에 물방울로 만든 무지개보다 더 좁은 각도에서 만들어진다. 보통 42도에 만들어지는 물방울과 달리 유리 구슬은 20도 근처에서 만들어지므로 무지개를 볼 수 있는 각도가 절반으로 줄어들기 때문에 작은 규모에서도 관찰할 수 있다. 사용하는 유리 구슬의 지름은 250마이크로미터부터 500마이크로미터 정도가 적당하다. 무지개를 만드는 물방울이 1밀리미터 정도인데 유리 구슬은 물방울보다 빛이 더 잘 꺾이기 때문에 좀 더 작아야 한다.

무지개를 만들기 위해서는 우선 유리 구슬과 검은색 종이가 필요하다. 배경이 어두워야 무지개가 잘 보이기 때문이다. 유리 구슬을 종이에 붙이기 위해 접착 스프레이를 검은색 종이에 골고루 뿌려 준다. 물론 바닥에 스프레이가 뿌려지는 것을 막기 위해 신문지를 깔고 해야 한다. 신문지를 깔지 않고 뿌렸다가는 네모난 테두리의 검은색 때를 한동안 지켜보면서 자신의 부주의함을 한탄할지도 모른다. 그리고 종이보다 조금 큰 쟁반 안에 종이를 놓고 유리 구슬을 넉넉히 뿌려 준다. 플라스틱 쟁반은 유리 구슬과 정전기를 일으키므로 금속 쟁반을 사용하는 것이 좋다. 구슬이 고루고루 종이에 달라붙도록 얇게 펴서 흔들고 남은 구슬을 털어 낸 후 꺼낸다. 남은 구슬들은 다시 모아서 재활용하면 된다.

접착 스프레이를 이용해
유리 구슬을 부착하는 방법

① 바닥에 신문지를 깔고 검은색 종이에 접착 스프레이를 골고루 뿌린다.

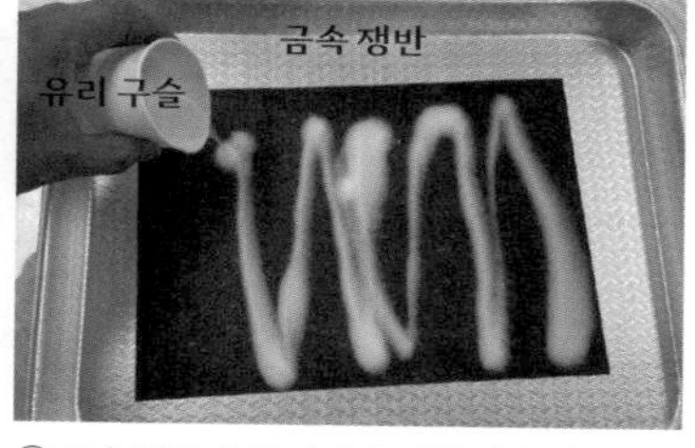

② 금속 쟁반에 종이의 끈적한 면을 위로 하고 유리 구슬을 고루고루 뿌려 준다.

③ 쟁반을 흔들어 유리 구슬을 종이에 골고루 달라붙게 한다.

④ 남은 유리 구슬은 다시 모아 재활용한다.

접착 스프레이를 이용해 유리 구슬을 붙이면 무지개가 전체적으로 얼룩덜룩하게 보이고 어떤 곳은 흐릿하게 보이기도 한다. 스프레이로는 접착제를 완벽히 균일하게 뿌리기 어렵기 때문이다. 어떤 부분은 유리 구슬이 두세 겹으로 붙고 어떤 부분은 유리 구슬이 듬성듬성 붙게 된다. 또 접착제가 유리 구슬 사이로 스며들어서 빛이 유리 구슬에서 반사되지 않고 투과되는 양이 늘기 때문에 상대적으로 무지개가 흐려 보인다.

양면 접착 테이프로 하면 이 문제점을 해결할 수 있다. 접착 테이프는 접착액처럼 흐르지 않으므로 빈 공간을 만들어 주며 유리 구슬을 한 겹으로 붙어 있게 만들어 준다. 그림처럼 양면 접착지의 한쪽 면을 떼어 내고 검은색 종이에 붙이고 다시 반대편 접착지를 떼어 내면 접착제가 고르게 발라진 검은색 종이가 된다. 그곳에 유리 구슬을 뿌려 고정하면 유리 구슬이 한 겹으로 발라진 상태가 된다. 넓은 양면 접착지가 없다면 양면 테이프를 여러 번 붙여서 활용해도 된다.

검은색 종이 대신에 잘 반사되는 알루미늄판이나 은박 포장지를 사용하면 특별한 무지개를 관찰할 수도 있다. 거울처럼 반사되는 면에 양면 접착 테이프를 바르고 유리 구슬을 뿌리면 빛이 직접 비춰 만들어지는 무지개와 거울 면에서 반사되면서 만들어지는 무지개가 동시에 보이게 되어 무지개가 두 겹으로 보이게 된다.

접착 테이프를 이용해 유리 구슬을 부착하는 방법

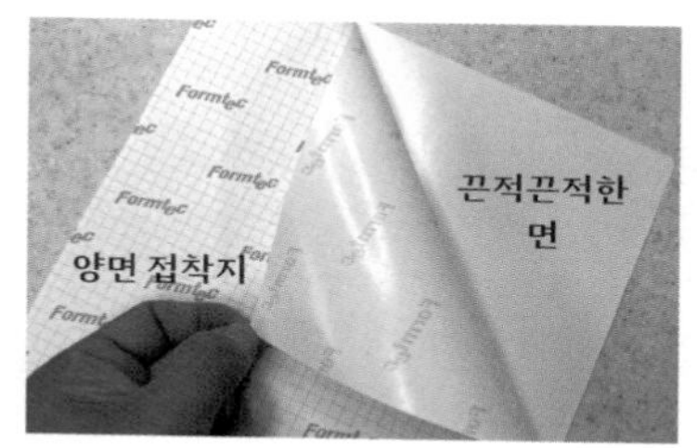

① 양면 접착지 한면을 잘 떼어 낸다.

② 검은색 종이에 양면 접착지를 붙이고 반대편 종이도 떼어 낸다.

③ 금속 쟁반에 끈적한 면을 위로 하고 유리 구슬을 골고루 뿌린다.

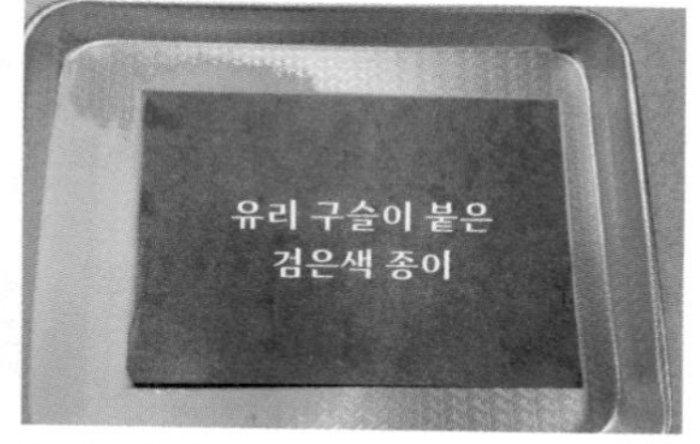

④ 쟁반을 흔들어 종이에 구슬을 고루 달라붙게 한다.

접착 스프레이(왼쪽)와 양면 접착지(오른쪽)로 유리 구슬을 붙여서 만든 무지개.

주의할 점이 있다. 이 유리 구슬이 바닥에 떨어졌다가는 대형 사고가 난다. 유리 구슬을 잘 보면 입자가 작기 때문에 설탕 가루처럼 흰색으로 보인다. 하지만 입자가 구형이기 때문에 작은 공들이 바닥에 뿌려진 것과 같다. 그래서 이것을 잘못 밟으면 정말이지 너무나도 쉽게 미끄러져 넘어지고 만다.

안타깝게도 옆 반 선생님은 무지개 수업을 구경 왔다가 아이들이 떨군 유리 구슬을 밟고 넘어지지 않으려 허리를 뒤로 꺾다가 그만 완치된 줄 알았던 허리 디스크가 재발해 버렸다. 그 선생님은 이후로 나와 연락을 끊었다. 나는 매번 유리 구슬의 위험성을 알리기 위해 그 선생님의 허리를 예로 든다.

28장
무지개 관찰하기

이제 무지개를 관찰하기만 하면 된다. 먼저 전등을 모두 끄고 커튼으로 빛을 차단한다. 그런 후 휴대 전화의 플래시를 켜고 유리 구슬이 가득 찬 종이에 비춘다. 그러면 영롱하고 아름다운 완벽하게 구형인 무지개가 만들어진다. 이 무지개는 물방울 대신 유리 구슬을 사용한 것을 빼면 진짜 무지개와 만들어지는 원리가 같다.

그래서 진짜 무지개에서 보이는 것들을 유리 구슬로 만든 무지개에서도 관찰할 수 있다. 먼저 무지개 안쪽은 매우 밝게 보인다. 또 1차 무지개의 안쪽에 과잉 무지개가 생기는 것을 관찰할 수 있다. 1차 무지개의 선명한 색상도 보이고 1차 무지개 밖이 생각보다 어둡게 보이는 것으로 보아 알렉산더의 어두운 띠도 관찰할 수 있다. 불행히도 2차 무지개는 100도가 넘는 각도에 만들어지므로 관찰할 수 없다.

무엇보다 신비로운 것은 무지개가 어째 조금 특별해 보인다는 것이다. 공중에 떠 있는 것처럼 느껴지는데, 이것은 무지개가 입체로 보이기 때문이다. 진짜 무지개와는 달리 휴대 전화 조명으로 만든 이 무지개는 2차원 원형이 아닌 3차원 구형으로 보인다. 휴대 전화 플래시에서 나온 빛 주변에 둥그런 풍선처럼 부풀어 오른 무지개가 보인다.

이것은 빛이 나란하지 않아서 나타나는 현상이다. 빛이 나란하게 비추면 평면에 모여서 원형의 무지개가 만들어진다. 하지만 빛이 한

점에서 출발해서 퍼지면서 구슬에 닿으면 평면에 모이지 않고 구면에 모인다. 그래서 우리 눈에는 공간에 떠 있는 듯한 무지개가 만들어진다. 그래서 무지개가 '상'이라는 생각이 더욱 쉽게 다가온다.

유리 구슬에 휴대 전화 플래시를 비춰 만드는 무지개.

진짜 무지개는 나만의 무지개다. 유리 구슬 무지개 역시 나만을 위해 존재하는 진짜 무지개다. 옆 친구에게 무지개가 여기 있다고 자꾸 손으로 가리켜도 친구에게는 보이지 않는다. 보인다고 하더라도 그 무지개는 내가 본 무지개가 아니다.

그래서

"여기 과잉 무지개 보이잖아, 여기."

"어디?"

"여기 손가락 끝에."

"어디?"

이런 장면이 무한 반복된다.

심지어는 왼쪽 눈만을 위한 무지개, 오른쪽 눈만을 위한 무지개가 따로 있다. 왼쪽 눈을 감고 보는 오른쪽 눈의 무지개 위치와 오른쪽 눈을 감고 보는 왼쪽 눈의 무지개 위치가 다르다. 이것은 같은 무지개가 오른쪽 눈과 왼쪽 눈의 시차 때문에 다른 위치에 보이는 것이 아니다. 근본적으로 다른 무지개다. 다른 유리 구슬에서 나온 빛을 보는 것이다. 그러니 진짜 무지개는 나만의 무지개가 아닌 내 오른쪽과 왼쪽 눈만의 무지개라고 해야 할 듯하다.

촛불이 만드는 무지개.

크기가 다른 유리 구슬을 준비해서 무지개가 어떤 차이가 있는지 알아보는 것도 좋은 방법이다. 지름이 1밀리미터(1,000마이크로미터), 500마이크로미터, 250마이크로미터의 유리 구슬을 준비하고 양면 접착 테이프를 붙인 검은색 종이에 각각 뿌려 3장을 만들어 보고 나란히 빛을 비춰 보자. 250마이크로미터와 500마이크로미터 유리 구슬에 의한 무지개는 아치의 폭이 다르다. 250마이크로미터로 만든 무지개의 폭이 더 넓다. 구슬이 작을수록 빛이 더 잘 퍼지기 때문이다. 그런데 1밀리미터 유리 구슬로 만든 검은색 종이에는 빛을 아무리 비춰도 무지개가 만들어지지 않는다. 구슬이 커지면 반사되어 나오는 빛이 잘 모여지지 않아서 무지개를 볼 수 없다. 대신 빛이 구슬에서 아주 밝게 반사되어 나온다. 무지개 안쪽이 밝은 것과 같은 원리다. 그래서 지름 1밀리미터인 이 구슬은 빛을 잘 반사하기 때문에 도로 표지판에 사용되거나 도로의 차선을 도색할 때 페인트와 섞어서 바른다. 밤에 자동차 전조등을 켜면 유난히 밝게 빛나는 표지판이나 차선에 바로 유리 구슬이 촘촘히 박혀 있었던 것이다. 어떤 도로 표지판에는 지름이 작은 유리 구슬을 박아 넣기도 하는데 그래서 햇빛이 비출 때 도로 표지판에서 무지개를 볼 수 있다. 다만 운전할 때는 유심히 관찰하면 안 된다.

휴대 전화 빛 대신 촛불을 켜고 촛불 뒤에 유리 구슬이 붙은 종이를 두면 촛불 뒤편으로 동그란 무지개가 만들어진다. 성스러운 이 노란빛의 무지개를 보고 있으면 교회나 성당, 절에 온 것처럼 자연스럽게 숙연해진다. 예수님이나 부처님 주변에 무지개를 그려 넣은 모습이 연상되기 때문이다.

250마이크로미터 유리 구슬(왼쪽)과
500마이크로미터 유리 구슬(오른쪽)이 만드는 무지개.
유리알이 작을수록 무지개의 폭이 넓다.

1000μm 500μm 250μm

우리가 무지개를 관찰하는 것은 우주적으로도 굉장한 행운이다.

밤하늘에 십자가 모양으로 생긴 백조자리의 가장 밝은 별 중 데네브라는 별이 있다. 이 별은 초거성으로 밤하늘에 꽤 밝게 보인다. 그런데 데네브는 지구로부터 자그마치 2,600광년이나 떨어져 있다. 신석기 시대 용감한 소년의 후손들이 동굴에 벽화를 그리던 시절 출발한 빛이 지금에야 도착하는 셈이다.

그 먼 거리에서 온다는 걸 생각해 보면 우리가 밤하늘의 데네브를 보는 것이 대단한 생각이 든다. 데네브가 지구 방향으로만 빛을 비추는 것이 아니기 때문이다. 데네브는 우주의 모든 방향으로 빛을 낸다. 반지름이 2,600광년인 구의 표면에 모두 빛을 뿌리는 것이다. 그중 지구가 차지하는 면적은 얼마나 될까? 그리고 지구 방향으로 오는 극히 미미한 빛 중 우리나라, 우리 동네, 나의 작은 눈의 동공에 들어오는 빛의 양은 또 얼마나 보잘것없나. 우리는 정말 데네브가 내는 빛 중 계산할 수 없을 만큼의 작은 빛을 보는 것이다. 그런데도 데네브는 밤하늘의 수많은 별 중 열아홉 번째로 밝다.

태양도 데네브와 같은 별이다. 태양에서 오는 빛은 1억 5000만 킬로미터 떨어진 지구를 눈부시게 비춘다. 이 빛은 너무도 밝아서 지구에서는 태양이 비출 때를 '낮'이라는 이름까지 붙여 주었다. 이렇게 밝은데도 태양에서 오는 모든 빛 중 지구를 비추는 빛은 20억분의 1 정도밖에 되지 않는다. 태양에서 무사히 빛이 도달해도 무지개를 만들 수 있는 환경은 또 수십억 분의 1 정도밖에 되지 않는다. 게다가 이 빛 중 거의 대부분은 물방울을 그대로 통과하고 수십만분의 1 정도만 1차 무지개를 만드는 주요 광선이 되어 반사된다. 말만 '주요' 광선인 이 보잘것없는 빛은 또 원뿔 모양으로 온 세상으로 동그랗게 뿌려진다. 그 빛 중 또 극히 일부가 나의 눈동자 속으로 들어온다. 그리고 우리는 드디어 무지개를 본다.

데네브에서 출발한 빛이 지구에 도달하기까지 그 긴 시간 동안 인류는 반짝거리는 밤하늘을 보면서 자연 과학에 눈을 떴고 세상에 대한 궁금증을 풀어냈다. 이제 밤하늘의 작은 한 점과 무지개를 만드는 태양이 같은 '별'이라는 것을 안다. 우리가 별을 보는 것은 무지개를 보는 것과 같이 세상을 이루는 에너지를 다른 방식으로 느끼는 것이다. 너무나도 멀리 있어 그 작은 에너지를 느낄 수 있다는 것이 참으로 경이롭기도 하고, 또 이렇게 말도 안 되는 작은 확률로 나타나 아름다운 아치를 만들어내는 것을 보면 우리의 감각으로 경험하는 자연의 숭고함에 가슴이 벅차오른다.

진짜 무지개를 본다는 것은 따져 볼수록 행운이며 또 축복인 것이다.

에필로그

강원도 태백

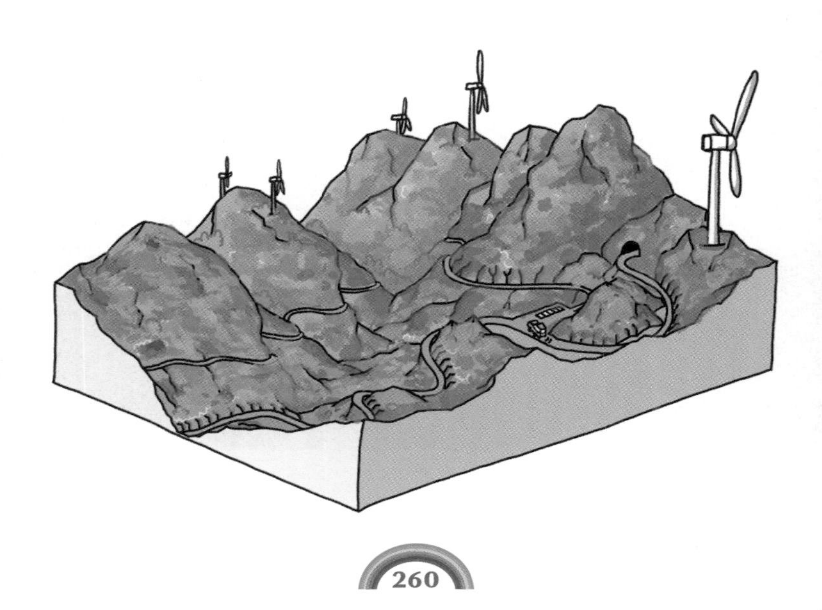

붓꽃 *Iris sanguinea*
잎이 길고 추위, 더위에 강하다.
학명은 그리스 무지개 여신
아이리스에서 따왔다.

파인만!

파인만과
그의 화가 친구 조르티안

나야 화가니까
꽃이 얼마나 아름다운지
알 수 있지.

과학자인 자네는
꽃을 뜯어서 분석하느라고
엉망으로 만들 뿐이라고.

내가 자네보다 꽃을
더 많이 알고 있는 것 같은데?
꽃을 이루는 세포,
세포들의 복잡한 움직임.
그것만으로도
꽃은 정말
아름답다네.

과학 지식은 꽃에 대한 흥미와 신비,
경이로움을 더하면 더했지
절대로 덜하게 하지는 않는다네.

무지개도 그랬다.

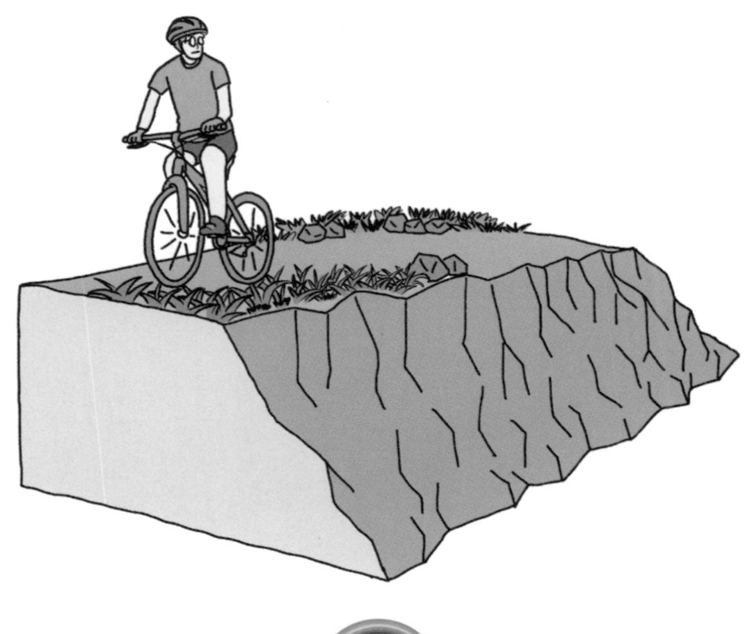

18세기 영국 시인들

과학자들의 끊임없는 도전.
그것은 예술가와 마찬가지로
자연에서 경이로움을 느끼기 때문이다.

그 도전은 예술가의 고뇌만큼 힘든 것이다.

데카르트는 아리스토텔레스의
무지개를 넘기 위해 힘겨운 도전을 했고,

토머스 영은 뉴턴을 넘기 위해
길고 외로운 연구를 해야 했다.

때론 힘든 고난이 있었지만.

그 뒤에는 기존의 관념을 뛰어넘는
혁신적인 도약이 뒤따랐다.

도약은 그 자체로 끝을 의미하는 것이 아니었다.
더 높은 곳이 항상 기다리고 있었다.

헉, 헉,
좀 쉬어야겠어.

비가 오려고 하나 보네…
서둘러야겠어.

토머스 영 이후 무지개 연구는
전에 보지 못한
새로운 길로 접어들었다.

모두들 생소했지만
에어리같은 과학자들은
세련된 기술로
이 난관을 멋지게 극복해 갔다.

잇따른 연구자들 역시 저마다의 아이디어로
무지개의 신비를 서서히 벗기고 있었다.

이제 무지개 연구는
이전과는 다른 새로운 환경에 도전하고 있다.

그들의 발자취는 분명 다음 세대가
자연을 더 경이롭게 바라볼 수 있게 해 줄 것이다.

헉, 헉,
저기 고개만 돌아가면
정상이 나올 거야.

이런, 햇볕까지
내리쬐고 있어!

헉
헉

헉
다 왔다!
헉

아!

END.

마치면서

"왜, 무지개입니까?"

이런 질문을 여러 번 받았다. 하지만 속 시원하게 대답하기 어려웠다. 그래서 이 질문에 답하는 것으로 이 책을 마무리하는 것이 좋을 것 같다.

몇 년 전 연구를 위해 1년을 쉬었던 적이 있다. 매일 아침 아이들을 유치원에 보내고 곧바로 근처 도서관에서 공부를 했다. 그때부터 틈틈이 시간을 내 무지개 책을 준비하기 시작했다. 외국의 무지개 책을 몇 권 사서 번역을 시작했고, 오후에는 삽화를 직접 그리기 위해 만화 학원을 다녔다. 과학 삽화를 그려 보겠다는 포부는 오래전부터 갖고 있던 차였다. 10여 년간 중고등학교 과학 교과서를 집필했었는데 집필자의 의도가 삽화가에게 제대로 전달되지 않아 여러 번 번거로운 수정을 요구해야 했다. 그때마다 '내가 머릿속에 떠올린 그 장면을 그대로 그려 내면 얼마나 좋을까?' 하는 생각을 했었다.

어느 정도 자료가 모일 때쯤, 결정적으로 부족한 것이 한 가지 있었는데, 진짜 무지개를 경험하는 것이었다. 무지개를 직접 보았을 때의 느낌, 그것은 무지개의 과학 이야기를 좀 더 감성적으로 이어가기에 반드시 필요했다. 도심 하늘에 잠깐씩 나타났다가 사라지는 희미한 무지개가 아닌 자연과 어우러진 경이로운 무지개를 보고 싶었다. 다행히 같이 연구년을 보내는 동료들끼리의 모임에서 아이슬란드 여행이 꾸려졌고 나는 그 필요 조건을 충족시키기 위해 여행에 동행했다. 그리고 그곳에서 마음속에만 있던 진짜 무지개를 '영접'했다. 사진을 수없이 찍었는데 눈으로 본 모습의 단 1퍼센트도 담아내지 못했다. 눈이 부실 정도로 밝게 빛이 나는 무지개는 태양의 에너지를 우아하게 발산했다. 무지개는 그 자체로 태양의 모습 그대로였다. 그때 생각했다.

'무지개 책을 태양의 에너지만으로 완성해야겠다.'

여행에서 돌아오자마자 태양광 발전을 공부해 집에 태양광 패널을 설치하고 컨트롤러와 배터리를 달아 태양의 에너지를 노트북과 아이패드에 쓸 수 있도록 알맞은 전압으로 모았다. 의자에 앉아 햇볕을 쬐는 21장의 삽화는 그날 낮 동안 처음 모아 놓은 태양광 에너지를 이용해 그린 것이다.

이렇게 쓴 초고와 삽화 80여 장이 완성되었을 때 떨리는 마음으로 몇몇 출판사로 보내고 지인에게도 보여 주었는데, 그들은 기대와는 다르게 점잖은 표현으로 혹평을 쏟아냈다. 그중 기억나는 한마디도 역시 그 질문이었다.

"왜, 하필 무지개인가요?"

난 무지개를 좇게 된 이유를 애써 설명하지 않았다. 질문에 대해 명쾌한 정답을 말하기 어려웠다. 나는 정답을 찾는 대신 부족한 부분을 채우면 될 것이라고 생각했던 것 같다. 그래서 과학 저술가를 양성하기 위한 과학 글쓰기 과정에 수강생으로 등록했고, 이듬해는 과학 만화가 과정도 수료했다. 만화 학원에도 다시 등록했다. 그리고 한해가 지나 완전히 새로워진 원고와 삽화를 출판사에 보냈다. 이번에는 혹평보다 더 무서운 대폭적인 수정이 따라왔다. 이렇게 우여곡절 끝에 여러 사람의 도움으로 여러 번의 수정을 거쳐 힘겹게 책이 완성되었다.

그사이 나는 새로운 도전을 선택했다. 이전과는 많이 다른 환경에서 나름 고군분투하던 어느 출근길, 햇살이 유난히 보드랍던 그때 라디오에서 들려오는 노래의 한 구절이 귀에 들어와 오랫동안 맴돌았다.

"하루 단 하루만 기회가 온다면, 죽을힘을 다해 빛나리."

어렴풋이 생각이 났다. 내가 무지개를 동경한 그 이유를.

자아를 만족시킬, 성취할 만한 대상을 애타게 찾고 있었던 것 같다. 적어도 처음에는 무지개의 다채로운 화려함에 매혹되었는지도 모른다. 그렇지만 무지개를 알아갈수록 과장된 색보다 태양의 에너지를 환하게 내뿜는 그 빛에 매력을 느꼈다. 무지개는 아주 밝았다. 그렇게 무지개처럼 온 힘을 다해 빛나고 싶었다. 자신이 가진 에너지를 맘껏 뿜어내고 싶었다. 내 안의 무지개는 그렇게 시작된 것 같다. 이제야 도수 맞는 안경을 쓴 것처럼 시야가 선명해졌다. 풀리지 않는 문제를 해결한 듯 신이 났는데 이 책을 다시 보니 여러모로 부족하다는 생각에 조금은 부끄러움이 앞선다. 그래도 나의 첫 복사(radiation) 에너지인 이 책이 독자들에게 긍정적인 에너지를 잔뜩 전달해 주었으면 한다.

감사할 사람이 많다. 부지런함을 내게 물려주시고 돌아가신 아버지에게 감사한다. 항상 책을 가까이하시며 지금도 글을 쓰시는 어머니의 모습에서도 많이 배웠고 감사한다. 아내와 나의 삶에 평온함을 주신 장인 어른과 장모님께도 감사드려야 할 것 같다. 무엇보다 남편과 아빠로서 아쉬운 모습만 보여 준 가족들에게도 미안한 마음이 많다. 특히 밤늦게까지 작업을 한답시고 집안일에 게을렀던 나를 넓은 마음으로 배려해 주고 마음의 안식을 주었던 사랑하는 아내에게 감사한다. 그리고 주하, 주환, 채환이가 없었다면 이 책은 고사하고 삶의 행복을 맛보지 못했을 것이다. 아이슬란드를 같이 여행한 동료들과 주변의 물리 선생님들, 같이 근무하면서 내게 긍정적 에너지를 발산해 주었던 동료들에게도 감사한다. 그림을 지도해 준 만화 학원 선생님들, 글쓰기를 지도해 주었던 작가님에게도 감사를 드려야겠다. 무엇보다 부족한 원고를 그럴싸한 책으로 만들어 준 (주)사이언스북스 편집부 식구들에게 감사한다.

용어 해설

1차 무지개 물방울로 들어간 빛이 내부에서 한 번 반사해 반대 방향으로 돌아 나오는 광선에 의해 만들어지는 무지개. 위쪽이 빨간색이며 아래쪽에는 보라색 띠가 보인다. 우리가 자주 관찰하는 가장 밝은 무지개다.

2차 무지개 물방울로 들어간 빛이 내부에서 두 번 반사해 나오는 광선에 의해 만들어지는 무지개. 1차 무지개와 함께 쌍무지개로 불리기도 한다. 색의 순서는 1차 무지개와 반대이며 1차 무지개의 위쪽에 만들어지며 1차 무지개보다 흐리게 보인다.

가시광선 전자기파의 다양한 스펙트럼 중 사람의 눈에 보이는 빛의 한 종류. 약 400나노미터부터 700나노미터의 파장을 가지고 있으며 400나노미터보다 파장이 짧은 영역은 자외선, 700나노미터보다 파장이 긴 영역은 적외선이라고 부른다.

간섭 공간에서 2개 이상의 파동이 한 점에 만나 서로의 진폭이 합쳐지는 현상. 합쳐지는 과정에서 보강되어 진폭이 커지는 현상을 보강 간섭, 상쇄되어 진폭이 작아지는 현상을 상쇄 간섭이라고 한다.

겹 무지개 햇빛이 잔잔한 호수의 표면에서 반사되어 물방울에 입사할 때 만들어지는 무지개. 원래 무지개보다 조금 더 높은 고도에 무지개가 만들어지는데 이것을 원래 무지개와 겹쳐 보인다고 해 겹 무지개 또는 겹친 무지개라고 부른다.

굴절 빛이 서로 다른 매질을 지날 때 속도 차이로 인해 매질의 경계면에서 휘어지는 현상.

글로리(glory) 안개나 구름에 의해 만들어지는 무지갯빛 동심원 모양의 광학 현상. 주로 비행기 그림자나 안개 낀 산의 정상에서 햇빛을 등지고 자신의 그림자 주변에서 관찰할 수 있다. 무지개보다 크기가 작고 여러 겹으로 겹쳐 보이기도 하며 굴절된 빛에 의한 간섭으로 인해 나타나는 현상이다.

과잉 무지개 1차 무지개 안쪽에 무지개 여러 개가 반복적으로 나타나는 현상. 물방울의 크기가 균일하면서 지름이 1밀리미터 미만으로 작을 때 과잉 무지개가 잘 만들어진다. 물방울로 들어간 빛들이 서로 간섭해서 만들어지는 무지개.

기하학 삼각형이나 사각형 등 도형과 그것이 차지하는 공간의 성질을 연구하는 수학의 한 분야. 점, 선, 면, 도형, 공간과 그 관계를 다룬다. 대표적인 원리로는 피타고라스 원리를 들 수 있다. 무지개 연구에서는 물방울로 들어간 빛의 경로를 기하학으로 풀어낼 수 있다.

남중 고도 지평선을 기준으로 태양의 수직 높이를 태양의 고도라고 하는데, 태양이 남쪽 중앙에 위치해 있어 하루 중 태양의 고도가 가장 높을 때를 남중했다고 하며 이때 태양의 고도를 남중 고도라고 한다. 태양의 남중 고도는 하지 때 가장 높고, 동지 때 가장 낮다.

뉴턴 링(Newton ring) 한쪽 면이 평면인 볼록 렌즈를 볼록한 면이 아래를 향하도록 둔 상태에서 빛을 렌즈의 중심에 비추었을 때 렌즈의 중심부를 기준으로 동심원 모양의 간섭 무늬가 생기는데 이것을 뉴턴 링이라고 한다.

동지 24절기 중 하나로 태양의 고도가 1년 중 가장 낮은 날이다. 북반구에서는 낮의 길이가 가장 짧으며 밤의 길이가 가장 길다.

무지개 함수(에어리 함수) 영국의 과학자 조지 비델 에어리가 광학을 연구하기 위해 도입한 함수. 에어리 미분 방정식이라 불리는 선형 상미분 방정식의 독립적인 두 해를 에어리 함수라고 한다.

문보(moonbow) 햇빛이 아닌 달빛에 의해 만들어지는 무지개를 문보라고 한다. 우리말로는 달무지개라고 불린다. 달빛이 밝은 보름달이 떴을 때 잘 만들어진다.

메테인(methane) '메탄'이라고도 하는 가장 간단한 탄소 화합물. 탄소 하나에 수소가 4개 붙어 있는 모양이다. 자연적으로는 유기물이 물속에서 부패, 발효할 때나 석탄, 천연 가스의 주성분을 이룬다. NASA의 연구진은 토성의 위성인 타이탄에는 메테인과 에테인의 구름이 있어 메테인 비가 내릴 수 있으므로 메테인 방울에 의한 무지개가 생길 수 있다는 연구 결과를 발표하기도 했다.

미 산란(Mie Scattering) 입자의 크기가 빛의 파장과 비슷한 경우에 일어나는 산란의 한 종류. 빛이 수증기나 얼음 알갱이, 매연 등과 충돌하여 하늘이 뿌옇게 보이는 것이 미 산란으로 인한 현상이다.

미적분학 수학의 한 분야로 극한, 함수, 미분, 적분, 무한 급수를 다루는 학문. 작은 차이에 대한 함숫값의 차이 값의 비를 미분이라고 하며, 함수의 그래프와 그 구간으로 둘러싸인 도형의 넓이를 구하는 것을 적분이라고 한다. 미적분학은 라이프니츠와 뉴턴이 각각 독립적으로 체계화하고 발전시켰다.

반사 서로 다른 두 매질의 경계면에서 파동이 방향을 바꿔 진행하는 현상.

반사 무지개 햇빛이 물방울에서 나와 잔잔한 호수와 같은 바닥 면에 반사되어 관찰자에게 도달하곤 하는데 이때 물 표면에 무지개가 비춰 보이게 된다. 이를 반사 무지개라고 한다. 반사 무지개는 1차 무지개가 물에 비쳐 보이는 것이 아닌 1차 무지개와 다른 물방울에서 온 빛이 물에 반사되어 관찰자에게 도달한 또 다른 무지개다.

방해석 탄산염 광물의 일종으로 육면체가 옆으로 약간 비스듬하게 누워 있는 모양이다. 편광 방향에 따라 굴절이 달라져 빛이 갈라지는 복굴절을 관찰할 수 있다.

분산 빛이 프리즘을 통과하면서 속도 차이로 인해 색깔마다 굴절되는 정도가 달라 여러 가지 색으로 나뉘는 현상.

백색광 특별한 색이 없는 흰색의 빛을 의미하며 우리가 항상 접하는 태양 빛, 형광등 빛, 백색 LED 빛 등을 백색광이라고 한다. 백색광에는 거의 모든 색이 혼합되어 있어 프리즘을 통과시키면 다시 여러 가지 색으로 나뉘어 분산된다.

상(像) 렌즈나 거울을 통해 표면에 맺힌 물체의 형상. 실제 빛의 경로 위에 있는 상을 실상. 가상의 경로상에 있는 상을 허상이라고 한다.

수평 무지개 상층 대기의 얼음 결정에 의해 만들어지는 크고 밝은 스펙트럼 색상의 띠. 태양을 바라보는 방향에서 태양과 이루는 각도가 약 22도로 태양의 수직 위 방향에 수평으로 만들어진다.

스펙트럼(spectrum) 빛을 프리즘 등에 통과시켜 색깔에 따라 넓게 퍼져 보이는 빛의 띠를 말한다.

아이스 헤일로(ice halo) 태양 주변에서 상층 구름의 얼음 알갱이에 의해 만들어지는 흰색 또는 무지갯빛 다양한 형태의 띠를 말한다. 육각판이나 육각기둥 모양의 얼음 결정이 빛을 분산시켜 태양과 22도 또는 46도 근처에 밝은 동심원 모양의 띠를 만든다.

알렉산더의 어두운 띠(Alexander's dark band) 1차 무지개 밖과 2차 무지개 안쪽의 사이에 어둡게 보이는 검은 띠를 말한다. 이곳에서 반사된 빛이 관찰자에게 도달하지 않아 어둡게 보인다.

에어리 패턴(Ary pattern) 빛을 작은 원형 구멍에 통과시키면 간섭을 일으켜 중심에 밝은 부분이 만들어지는데 이것을 에어리 원반이라고 하고 주변으로 동심원 모양의 간섭 무늬가 만들어지는데 이것을 에어리 패턴이라고 한다.

원광원 빛을 내는 광원의 모양이 원형임을 뜻하는 것으로 보통의 광학에서는 빛을 면적이 없는 점 모양으로 가정하여 취급하지만 태양의 경우 동전 모양의 원광원이므로 이를 고려해 연구하기도 한다.

이중 슬릿 실험 얇은 틈 2개가 가까이 있는 형태를 이중 슬릿이라고 하는데 19세기 초 영국의 물리학자 토머스 영이 빛을 이중 슬릿에 통과시켜 빛이 서로 간섭하여 간섭 무늬가 생기는 것을 확인하여 빛이 파동의 성질을 가지고 있다는 것을 증명했다.

점광원 빛을 내는 광원이 면적이 없는 점 형태인 것을 점광원이라고 한다. 광학에서 기하학적으로 차원이 없는 이상적인 점으로 된 광원을 가정하여 여러 문제를 간단하게 풀어낼 수 있다.

진동수 진동하는 물체나 물리량이 단위 시간 동안 진동하는 횟수를 의미한다. 소리의 경우 공기 분자가 진동하는 횟수, 빛의 경우 전자기장이 진동하는 횟수를 말한다. 단위는 헤르츠(Hz)로 나타내며 빛의 경우 주파수라고 하기도 한다.

천정호(circumzenithal arc) 하늘의 천정 부근에서 무지개와 같은 빛의 띠가 나타나는 현상으로 태양을 바라보는 방향에서 태양 위쪽으로 만들어지며 상층 구름의 얼음에 의해 굴절된 빛에 의해서 만들어진다.

초점 광선(주요 광선) 빛이 반사 또는 굴절해서 진행하면서 직선 또는 곡면에 모여 밝게 보이는 집중된 빛의 곡선을 말한다. 물방울로 들어간 빛이 반사되어 나오면서 하나의 선으로 모이는 부분이 있는데 이것을 초점 광선이라고 부른다.

코로나(corona) 작은 얼음 결정이나 구름 또는 안개에 의해 빛이 회절하면서 만들어지는 무지갯빛 원형 무늬. 광원 주변에 동심원 모양으로 만들어진다. 달이나 가로등, 구름 낀 태양 주변에서 만들어지며 물방울이 작으면 더 큰 원을 형성한다.

파장 파의 길이를 뜻하는 말로 파동이 한 번 진동하면서 진행한 거리 또는 한 번의 주기가 가지는 길이를 의미한다.

편광 빛이 진행할 때 파를 구성하는 전기장이나 자기장이 특정한 방향으로 진동하는 현상을 말한다. 일반적으로 전자기파는 모든 방향으로 진동하는 혼합된 상태를 가지는데 반사나 굴절되거나 특정한 광물이나 필터를 통과하면 한 방향으로만 진동하는 편광된 빛을 얻을 수 있다. 무지개를 구성하는 물방울에 들어간 빛이 물방울의 내부에서 반사하면서 편광되어 나온다. 편광 필름을 이용하면 편광된 방향을 알 수 있다.

포그보(fogbow) 흰색 무지개라고 불리는 광학 현상으로 안개와 같은 작은 물방울에 의해 햇빛이 회절하여 나타나는 띠를 말한다. 높은 산에서 올라가 구름 낀 아래를 관찰하거나 비행기에서 안개 낀 지면을 내려다보면 관찰할 수 있다. 태양을 등지고 나타나기 때문에 무지개로 혼동할 수 있는데 무지개와는 다르게 색이 흐리거나 흰색으로 보인다.

프리즘(prism) 빛을 굴절, 반사시키는 광학 도구로 일반적인 프리즘은 단면이 정삼각형이며 매끄러운 유리와 같은 투명한 재질로 이루어져 있다. 빛을 전반사하기 위해서 직각 프리즘이나 오각형의 펜타 프리즘을 사용하기도 한다. 뉴턴이 프리즘을 사용해 빛의 색에 관한 이론을 연구한 것으로 유명하다.

하지 24절기 중 하나이며 1년 중 태양이 가장 높은 고도에 있는 날을 말한다. 북반구에서는 이 시기에 낮의 길이가 가장 길고 밤이 가장 짧다.

환일(sun dog) 태양의 양쪽에 고리나 무리 모양의 빛나는 점이 만들어지는 대기 현상을 환일이라고 한다. 환일은 권운과 같은 상층 구름의 육각판상의 빙정 등이 프리즘 역할을 하여 빛을 분산시켜 나타나는 것으로 태양의 양옆으로 같은 고도의 22도 좌우에 만들어진다.

회절 빛이나 소리 등이 장애물이나 좁은 틈, 슬릿 등을 통과할 때 파동이 그 뒤편까지 퍼져 나아가는 현상을 말한다. 회절에 의해 퍼진 2개 이상의 빛이 간섭을 일으켜 밝고 어두운 무늬를 만드는데 이것을 회절 무늬 또는 간섭 무늬라고 한다.

후주

1 Carl B. Boyer, *Rainbow from Myth to Mathematics*, Princeton University Press, 1987, p. 20.

2 Raimond L. Lee, Jr., and Alistair B. Fraser, *The Rainbow Bridge*, Penn State University Press, 2001, p. 15.

3 Dafna Langgut, Israel Finkelstein, "Climate and the Late Bronze Collapse:New Evidence from the Southern Levant," *TELAVIV* vol. 40, 2013, 149–175.

4 Raimond L. Lee, Jr., and Alistair B. Fraser, *The Rainbow Bridge*, Penn State University Press, 2001, p. 10.

5 Raimond L. Lee, Jr., and Alistair B. Fraser, *The Rainbow Bridge*, Penn State University Press, 2001, p. 26.

6 Raimond L. Lee, Jr., and Alistair B. Fraser, *The Rainbow Bridge*, Penn State University Press, 2001, p. 26.

7 홍윤표, 「무지개의 어원」, 국립국어원, 《새국어소식》 2003년 2월호 참조. "西方애 힌 므지게 열 둘히 南北으로 여 잇더니."(『석보상절』(1447년)) "내 百姓 어엿비 너기샤 長湍 건너싫제 힌 므지게 예 니이다."(『용비어천가』(1447년))

8 杉山久仁彦, 『図説 虹の文化史』(河出書房新社, 2013年), 248面.

9 Carl B. Boyer, *Rainbow from Myth to Mathematics*, Princeton University Press. 1987, p. 18.

10 이선주, 이붕, 『선녀와 나무꾼』(사파리, 2009년).

11 Carl B. Boyer, *Rainbow from Myth to Mathematics,* Princeton University Press. 1987, p. 18.

12 성 패트릭의 날은 잉글랜드와 아일랜드에 기독교를 전파한 성 패트릭, 즉 성 파트리치오를 기리는 축제이다. 그날 사람들이 초록색 레프러콘 복장을 하는 것은 그가 기독교의 핵심 교리인 삼위일체(三位一體)를 설명할 때 잎이 3개인 초록색 토끼풀을 이용한 것과 레프러콘 신화가 융합되어 만들어진 것이다.

13 Carl B. Boyer, *Rainbow from Myth to Mathematics,* Princeton University Press. 1987, p. 30.

14 J. D. Walker, "Mysteries of rainbows, notably their rare supernumerary arcs," *Scientific American,* 242(6), 1980, pp. 174–184.

15 물방울에서 빛이 반사되어 나올 때 다른 빛보다 더 강하게 보이는 빛들이 있는데 이것이 선명한 무지개를 만드는 주요 광선이 된다. 초점 광선(caustic ray)이라고도 한다. 자세한 설명은 94쪽을 참고.

16 Craig F. Bohren and Alistair B. Fraser, "Newton's zero-order rainbow: Unobservable or nonexistent?" *American Journal of Physics* 59, 1991, p. 325.

17 한국 물리학회에서 발간하는 용어집에는 caustic line, focal line을 '초점 선'이라고 번역하고 있다. 그래서 caustic ray를 '초점 광선'이라고 번역했다.

18 알렉산더는 알렉산드로스를 영어식으로 읽은 것이다. 원래는 알렉산드로스의 어두운 띠라고 해야겠지만, 알렉산더의 어두운 띠라는 용어가 관습적으로 사용되기에 무지개의 용어를 지칭할 때는 알렉산더

라는 표기를 사용했다. dark 역시 암흑, 검은 등으로 번역되지만 알렉산드로스의 띠는 완전히 검은색으로 보이지 않기 때문에 '어두운'이라고 번역했다.

19 한국 천문 연구원 천문 우주 지식 정보. https://astro.kasi.re.kr/.

20 西條敏美,『授業 虹の科学』(太郎次郎社エディタス, 2015年), 31面.

21 거울 앞에서 보면 좌우가 바뀌어 보이는 것은 착각이다. 왼손과 오른손이 바뀌는 것처럼 보이지만 사실은 앞뒤가 바뀌면서 자연스럽게 좌우가 바뀌어 보이는 것이다.

22 그가 주장한 가상의 에테르라는 물질은 1900년대 초까지 2,000년 넘게 존재하는 물질로 믿어졌다. 19세기 초 마이컬슨-몰리 실험을 통해 존재가 부정되었고 아인슈타인의 상대성 이론이 만들어지며 역사의 뒤안길로 사라졌다.

23 西條敏美,『授業 虹の科学』(太郎次郎社エディタス, 2015年), 107面.

24 영국 캔터베리 주 링컨 교구의 주교였으므로 '링컨의 로버트'라고 불리기도 한다.

25 Carl B. Boyer, *Rainbow from Myth to Mathematics*, Princeton University Press. 1987, p. 93.

26 杉山久仁彦,『図説 虹の文化史』(河出書房新社, 2013年), 49面.

27 139쪽 삽화의 그림은 후세에 그려진 것으로 완벽한 그의 이론을 설명하지 못한다는 견해도 있다. 杉山久仁彦, 앞의 책, 50쪽 참조.

28 현재의 기준으로는 약 44도라고 한다.

29 Raimond L. Lee, Jr., and Alistair B. Fraser, *The Rainbow Bridge*, Penn State University Press, 2001, p. 157.

30 그의 이름을 딴 달 크레이터 비텔로(Vitello)가 있다. 폴란드 어로 비텔

론(Witelon), 독일어로 비텔로(Witelo)라고 불린다.

31 라틴 어 이름인 알하젠(Alhazen) 또는 알하첸(Alhacen)이라고도 불리는, 아라비아 출신의 학자로 현대 광학의 아버지라 불린다. 그의 광학 이론은 그로스테스트, 베이컨, 비텔로 등에 영향을 미쳤다. 불행히도 무지개 연구에는 소홀해 이 책의 주요 인물이 되지는 못했다.

32 Carl B. Boyer, *Rainbow from Myth to Mathematics*, Princeton University Press. 1987, p. 117.

33 杉山久仁彦,『図説 虹の文化史』(河出書房新社, 2013年), 68面.

34 Carl B. Boyer, *Rainbow from Myth to Mathematics*, Princeton University Press. 1987, p. 198.

35 아직 뉴턴이 없었던 시절이라 미적분을 몰랐던 데카르트는 생고생을 할 수밖에 없었다.

36 Carl B. Boyer, *Rainbow from Myth to Mathematics*, Princeton University Press. 1987, p. 217.

37 Carl B. Boyer, *Rainbow from Myth to Mathematics*, Princeton University Press. 1987, p. 232.

38 뉴턴은 다이아몬드라는 개를 키웠는데 외출 후 개가 촛불을 넘어뜨려서『광학』초고가 불탔다고 한다. 그래서 출간이 늦어졌다는 이야기가 그의 일기에 적혀 있다.

39 杉山久仁彦,『図説 虹の文化史』(河出書房新社, 2013年), 142面.

40 1998년 MIT의 과학자들이 뉴턴의 이 실험을 재현했는데 재현이 매우 어려웠다고 한다. 과학자들은 뉴턴이 이미 실험 결과를 예상하고서 그 결과를 발견한 것이 아닌가 하는 의견을 제시하기도 했다.

41 杉山久仁彦,『図説 虹の文化史』(河出書房新社, 2013年), 156面.

42 杉山久仁彦,『図説 虹の文化史』(河出書房新社, 2013年), 157面.

43 Carl B. Boyer, *Rainbow from Myth to Mathematics,* Princeton University Press. 1987, p. 267.

44 그는 의학, 언어학에도 능했으며 특별히 이집트 문자의 해독에도 권위자였다.

45 프랑스의 물리학자, 직선 전선 주변의 자기장 법칙 비오-사바르 법칙을 세웠다.

46 $I=I_0\cos^2\theta$ 말루스 법칙은 코사인의 제곱에 비례한다.

47 西條敏美,『授業 虹の科学』(太郎次郎社エディタス, 2015年), 97面.

48 입자의 크기가 빛의 파장과 비슷한 경우에 일어나는 산란의 한 종류. 빛이 수증기나 얼음 알갱이에 의해 굴절, 회절하면서 무지갯빛 색을 내는 과정을 설명할 수 있다.

49 E.Hundhausen und H. Pauly, "Untersuchungen des Wechselwirkungspotentials von van der Waals-Molekiilen mit Hilfe der Regenbogenstreuung", *Institut für Angewandte Physik der Universität Bonn*, Z. Naturforsehg. 19 a. 810~812, 1964.

50 S.Ohkubo and Y.Hirabayashi: "Evidence for a secondary bow in Newton's zero-order nuclear rainbow", *Physcial Review*, C89, 1-5, 2014.

51 네덜란드의 물리학자 크리스티안 하위헌스(Christiaan Huygens)는 토성의 위성 타이탄을 발견하고 물이 있을 것이라고 주장했다.

52 "Rainbows on Titan," *NASA Science,* https://science.nasa.gov/science-news/science-at-nasa/2005/25feb_titan2.

53 Raimond L. Lee, Jr., and Alistair B. Fraser, *The Rainbow Bridge,* Penn State University Press, 2001, p. 238.

54 杉山久仁彦,『図説 虹の文化史』(河出書房新社, 2013年), 71面.

55 Raimond L. Lee, Jr., and Alistair B. Fraser, *The Rainbow Bridge*, Penn State University Press, 2001, p. 121.

56 《문화일보》 1999년 3월 19일 기사.

도판 저작권

31쪽 Wikimedia Commons.

39쪽 © Tassili n'Ajjer, Algeria.

51쪽 Prayitno.

53쪽 © Melanie Hava.

61쪽 Wagner, Richard(1910), The Rhinegold and the Valkyrie.

65쪽 Wolfgang Sauber.

67쪽 Edward Betz.

71쪽 Nicholas from Pennsylvania, USA.

97쪽 Yi-Ting Tu, Wei-Fang Sun.

99쪽 Gnangarra.

103쪽 위 Raimond L. Lee, Jr., and Alistair B. Fraser, The Rainbow Bridge(2001), Penn State Press, p. 253을 참조로 다시 그렸다.

103쪽 아래 Mika-Pekka Markkanen.

107쪽 왼쪽 위 Tomo.yun.

107쪽 오른쪽 위 Mika-Pekka Markkanen.

107쪽 왼쪽 아래 Christopher Cox, CIRES/University of Colorado via Oregon State University.

109쪽 Arne-kaiser.

111쪽 Gopherboy6956 Fargo Sundog.

113쪽 Arne-kaiser.

115쪽 Nicholas from Pennsylvania.

120쪽 David Hill in Montreal, Canada.

122쪽 Steve Kaufman.

124쪽 Mundoo.

127쪽 Terje Osvald Nordvik.

131쪽 Newton, Isaac, *Opticks* The Forth Edition(1730), p. 170.

133쪽 아래 After Lysippos.

139쪽 아래 William Morris (to the designs of Burne-Jones).

143쪽 아래 Michael Reeve.

145쪽	Houghton Library.
147쪽	Public Domain.
153쪽 왼쪽	Unidentified painter.
153쪽 오른쪽	Justus Sustermans.
155쪽	After Frans Hals.
159쪽	Godfrey Kneller.
163쪽	© Shutterstock.
165쪽	Public Domain.
171쪽	After Thomas Lawrence.
175쪽 위	Unknown Painter.
175쪽 아래	The drawing-room portrait gallery of eminent personages, illustrated news of the world, 1861.
177쪽 위	Jean-Jacques MILAN.
177쪽 아래	George J. Stodart.
179쪽	Morgan & Kidd.
181쪽 왼쪽	After Frans Hals.
181쪽 가운데	After Thomas Lawrence.
181쪽 오른쪽	Morgan & Kidd.
189쪽	Robert Greenler, NASA Science.
201쪽	© Shutterstock.
205쪽	Silar.
213쪽	John Everett Millais.
221쪽	D-Kuru.
223쪽	© Shutterstock.

찾아보기

1판 1쇄 펴냄 2023년 2월 28일
1판 2쇄 펴냄 2024년 5월 15일

지은이 김상협
펴낸이 박상준
펴낸곳 (주)사이언스북스

출판등록 1997. 3. 24.(제16-1444호)
(06027) 서울시 강남구 도산대로1길 62
대표전화 515-2000, 팩시밀리 515-2007
편집부 517-4263, 팩시밀리 514-2329
www.sciencebooks.co.kr

ISBN 979-11-92107-33-2 03400